機能性食品学

博士（医学）今井伸二郎【著】

コロナ社

推薦のことば

　先進諸国では超高齢化社会の中で健やかに生きる健康戦略は多方面から議論されています。従来のように，病気と診断されてから治療する時代から，病気になる前にいかに病気にならないように心がけるかは非常に重要です。近年，先制医療という新しい概念が注目されてきています。先制医療とは，病気が発症する前にそれを予測して，適切に医療行為を施すことで発症を遅らせることを目指した夢のある概念です。

　私は，機能性食品が，先制医療を実現するための重要な一つになると考えており，そういった意味でも本書の出版に大変期待していました。機能性食品（いわゆる健康食品を含む）は，現在多くの国民に何らかの形で摂取されていますが，実際の機能性食品の摂取に関して科学的意味を十分理解されている方はどのくらいおられるでしょうか。実際，科学的なエビデンスなく，単なる宣伝により効能を期待して摂取されている方が沢山おられます。健康食品を摂取する際には，実際に安全かどうかを個人で判断できる能力を身につけることが大切です。特に，医薬品を処方されている方は，薬との相互作用がある場合があることを忘れてはなりません。私は，機能性食品を国民が正しく理解することは，これからの社会にとって非常に大切なことだと思っています。したがって，このたび今井伸二郎博士の執筆で本書が出版の運びとなったことは大変喜ばしいと思います。

　著者は，東京大学，東京医科歯科大学での基礎研究から，日清製粉グループでの製品開発のための研究まで非常に幅広い分野で活躍された第一線の分子免疫学領域の研究者であり，機能性食品を熟知しています。本書によって，読者は，機能性食品に関して必要な知識の全体像とは何かを把握することができるであろうと思います。

推薦のことば

　本書では，機能性食品の安全性，有効性についての解説から，2015年より新たに始まった機能性表示に関する内容まで，実際に著者がその開発に携わった経験をベースに執筆されていることが大きな特徴でもあります。したがって，大学，大学院での講義のテキストとして，さらには一般の方が，機能性食品の内容を理解するのに最適な意義深い本です。

　多くの読者が，機能性食品の本質を理解され，周りの方々と情報共有して，健やかな生活を送るための一助となることを期待して本書を推薦させて頂きます。

2017年1月

　　　　　　京都大学名誉教授
　　　　　　藤田保健衛生大学教授
　　　　　　一般社団法人　日本食品安全協会理事
　　　　　　特定非営利活動法人　医薬品適正使用推進機構理事　　斉藤　邦明

まえがき

　2015年に機能性表示食品制度が施行され，健康食品業界は市場の拡大が進行している。本書第1編ではこの新制度についてその実態と，今後について解説した。機能性食品を学ぼうとする読者にとって，この制度の情報は必須であろう。ぜひ本書を活用していただければ幸いである。この新制度では事業者の責任において機能性の表示ができることから，消費者にとって有益な商品が拡大するのは確かなことと思う。しかしながら，この制度に便乗し，有効性や安全性に問題がある商品もまた増加することが懸念される。新制度の導入には大きな期待が寄せられるが，このような問題点を防ぐために，新制度と関連する周辺の法整備が後手後手にならないよう，遅滞なく進めていくことも行政の責任ではないだろうか。特に安全面では事故が起こってからでは遅く，安全性に問題がありそうな商品が拡散しないよう周辺法整備の充実を期待したい。

　大型薬品店の健康食品ブースは従来に比べ拡大し，並んでいる商品数も多いが，内容を見ると玉石混交の状態である。インターネットを開けば，健康食品のバナー広告が目に飛び込んでくる。テレビをつければ，通販の健康食品がこんなに効いたという体験談が流れてくる。どれも効きそうで専門家でさえ迷わされてしまいそうである。しかし，どれもがそんなに効くなら医薬品はいらなくなってしまう。実際は有効性が低い商品が多いのも事実である。賢明な消費者にあっては，自分に適する機能性食品を熟慮して選択してほしい。そして効果が体感できたら，飽きずに続けることが大切である。効果が体感できない商品はやはり効かないのが実際であることも認識してほしい。

　新制度では販売業者の責任において機能性が表示できるわけだが，機能性を示す成分をインターネットで検索すればどのような方法で機能性が評価されたかが確認できる。とはいえ一般の方がその結果を解釈するのはなかなか難しい。

そこで，有用な機能性食品を選びたいと思う方もぜひ本書を活用してほしい。本書では疾患ごとにその疾患の予防に期待できる機能性食品を解説している。

　機能性食品を理解する上で重要なのはやはり栄養学である。栄養学の基礎知識なしに食品の機能性を論じても，その論点がずれてしまうことが危惧される。そこで，本書ではおもな栄養素についての栄養学の基礎項目を第2編で解説している。栄養学を十分習得している方は読み飛ばしていただき，少し復習してみようと思われる方にはぜひ第2編も参考にしていただきたい。

　第3編では各論として各種疾患の解説とそれら疾患の予防に効果が期待できる機能性食品について紹介した。それぞれの疾患には各種の発症メカニズムがあり，それらに対応した機能性食品がある。医薬品に比べればそんなに大きな期待はできないと思われる方も多いのではないかと思う。しかし，医薬品はあくまで治療が目的であるが，機能性食品の場合は予防が目的である。劇的な効果は期待できなくとも，体質改善的位置付けであれば効果が期待できる多数の成分が存在すると思う。このことは，いままで私自身が機能性食品の研究開発のみならず，医薬品の研究に携わってきた経験から導き出された正直な感想である。この点からも機能性食品の使用を考えている諸兄には，ぜひ有効な成分を含む食品を体験してほしい。

　なお第4編では近未来の医療として注目されている先制医療と機能性食品との関係についても言及した。先制医療とは病気と診断されるより以前の段階，つまり何も症状がない発症以前の段階で，将来罹患する可能性の高い病気を遺伝子検査などで発見し，発病を予防しようという考えである。近年，世界各国の医学，薬学領域の研究成果により，医薬品などの医療技術は革新的に進歩を遂げ，より多くの人々が健康な生活を享受することが可能となってきた。しかし，高齢社会を迎えたわが国にとって，高額な医療費，医師不足，医療格差などの課題が山積している。従来の医療は疾患が発症してから対処する治療医学が中心であったが，今後は予防医学が台頭する必要がある。そのために必要な予防法は医薬品よりは機能性食品が適している。本来機能性食品は疾患の治療が目的ではなく，予防を目的として開発されている。いわば未病と呼ばれる疾

患発症の前段階を標的としているわけである。このような観点から考えると，先制医療における予防処置にはたしかなエビデンスを持った機能性食品が多用されるべきであると思う。先制医療における機能性食品の利用が現実となるためには，機能性食品の有効性，安全性が優れていることを実証し，そのデータを積み重ね，さらに積極的に公開していく必要がある。そして，機能性食品の開発者は医療行政に携わる関係者，先制医療を実践する医療関係者に対し，機能性食品の有用性を積極的に啓発していく努力が求められる。機能性表示食品制度開始を機に，今後先制医療における機能性食品利用が活発化することを期待したい。

　本書は食品の機能性を学ぶ大学生向けに執筆したが，機能性食品を開発する企業の社員はもとより，一般の消費者が有益な商品をいかに選択すべきかの指標として，その一助になっていただければ幸いである。

2017年1月

今井伸二郎

目　　次

第 1 編　機能性食品概要

1　既存の機能性食品制度

1-1　保健機能食品 ··· 2
　1-1-1　特定保健用食品 ·· 3
　1-1-2　栄養機能食品 ·· 6
1-2　保健機能食品制度の問題点 ·· 10
📖　化成品がすべて有害とは限らない ·· 12

2　新しく制定された機能性表示食品制度

2-1　機能性表示食品制度とは ·· 13
　2-1-1　制度制定の背景 ·· 14
　2-1-2　制度の具体的な内容 ·· 15
　2-1-3　制度の運用にあたり必要な事項 ·· 15
　2-1-4　システマティックレビューについて ·· 18
2-2　従来に比べた機能性表示食品制度の利点 ·· 20
2-3　機能性表示食品制度導入により期待される効果 ···························· 20
2-4　運用当初の機能性表示食品制度の課題 ·· 21
2-5　機能性表示食品の表示例 ·· 22
📖　天然物がすべて安全とは限らない ·· 23

第2編　主要栄養素の機能

3　主要3大栄養素

- 3-1　栄養素摂取の必要性 …… 25
- 3-2　栄養の役割 …… 26
- 3-3　栄養素の過不足が招くトラブル …… 27
- 3-4　食物の消化，吸収と代謝，排泄 …… 27
- 3-5　食事摂取基準 …… 30
- 📖　カロリー制限によるダイエット後にリバウンドするのはなぜか？ …… 32

4　糖質の代謝とその機能

- 4-1　糖質とは …… 33
- 4-2　糖質の消化，吸収，代謝 …… 33
- 4-3　肝臓における糖代謝 …… 35
- 4-4　糖質の食事摂取基準 …… 40
- 📖　人はなぜ太るのか？ …… 42

5　タンパク質の代謝とその機能

- 5-1　タンパク質とは …… 43
- 5-2　栄養素としてのタンパク質 …… 44
- 5-3　タンパク質の消化，吸収，代謝 …… 45
- 5-4　肝臓のアミノ酸に対する役割 …… 46
  - 5-4-1　アミノ酸の分解 …… 46
  - 5-4-2　タンパク質合成 …… 51

5-4-3　タンパク質異化…………………………………………………… 51
5-5　タンパク質を摂取する上での注意点……………………………………… 52
📖 ある女子大生の会話「昨日コラーゲン入り鍋を食べたのでお肌つるつる」
　　これって本当？……………………………………………………………… 53

6　脂質の代謝とその機能

6-1　脂　質　と　は……………………………………………………………… 54
6-2　栄養素としての脂質………………………………………………………… 55
6-3　脂肪酸の種類………………………………………………………………… 55
6-4　脂質の消化，吸収，代謝…………………………………………………… 56
6-5　必　須　脂　肪　酸………………………………………………………… 59
6-6　脂質の摂取基準……………………………………………………………… 61
📖 コレステロールの名前の由来……………………………………………… 63

第3編　機能性食品成分と疾病のかかわり

7　免　　疫

7-1　免　疫　と　は……………………………………………………………… 65
7-2　免　疫　疾　患……………………………………………………………… 66
7-3　アレルギー疾患……………………………………………………………… 66
　　7-3-1　アレルギーの分類…………………………………………………… 67
　　7-3-2　アレルギー疾患の原因……………………………………………… 68
　　7-3-3　アレルギー疾患の治療標的………………………………………… 69
7-4　炎　　　　　症……………………………………………………………… 70
　　7-4-1　急　性　炎　症……………………………………………………… 71

x　目　次

 7-4-2　慢　性　炎　症……………………………………………………… 71
 7-4-3　慢性炎症の原因 ………………………………………………… 71
7-5　アレルギー疾患に有効と考えられている機能性食品 …………… 72
 7-5-1　作用メカニズムが解明されている成分 ……………………… 73
 7-5-2　青大豆の抗アレルギー効果 …………………………………… 73
7-6　炎症に有効な機能性食品 …………………………………………… 76
 7-6-1　作用メカニズムが解明されている成分 ……………………… 76
 7-6-2　青大豆の抗炎症効果 …………………………………………… 77
📖　人はどうやって最適なパートナーを見つけるのか？ …………… 80
📖　怒ってばかりいると健康に悪いのか？ …………………………… 81

8　ガン・腫瘍

8-1　ガ　ン　と　は ……………………………………………………… 82
8-2　腫　瘍　と　は ……………………………………………………… 82
 8-2-1　腫　瘍　の　分　類 …………………………………………… 83
 8-2-2　腫　瘍　の　代　謝 …………………………………………… 84
8-3　ガン・腫瘍の原因 …………………………………………………… 84
8-4　ガン・腫瘍の予防 …………………………………………………… 85
8-5　ガン・腫瘍の予防に有効と考えられている機能性食品 ………… 86
8-6　ガン・腫瘍の予防に有効と考えられている機能性食品の作用メカニズム
 …………………………………………………………………………… 87
 8-6-1　免疫賦活によるガン・腫瘍抑制 ……………………………… 88
 8-6-2　免疫賦活による変異細胞の除去システム …………………… 89
 8-6-3　免疫賦活を遡及した機能性食品 ……………………………… 89
📖　ガンが体に悪いのはなぜか？ ……………………………………… 93

目次 xi

9 循環器

- 9-1 循環器とは……………………………………………………… 94
- 9-2 循環器疾患……………………………………………………… 94
  - 9-2-1 高血圧………………………………………………… 95
  - 9-2-2 虚血性心疾患………………………………………… 97
  - 9-2-3 不整脈………………………………………………… 97
- 9-3 高血圧に有効な食品の作用メカニズム……………………… 98
- 9-4 高血圧に有効な機能性食品…………………………………… 99
  - 9-4-1 γ-アミノ酪酸の降圧効果…………………………… 100
  - 9-4-2 ゲニポシド酸の降圧効果…………………………… 100
- 9-5 虚血性心疾患に有効な機能性食品…………………………… 101
- 9-6 不整脈に有効な機能性食品の作用メカニズム……………… 101
- 9-7 不整脈に有効な機能性食品…………………………………… 102
- 📖 なぜ食塩を取りすぎると血圧が上がるのか？………………… 103

10 脳・神経

- 10-1 神経系とは……………………………………………………… 104
- 10-2 脳・神経疾患…………………………………………………… 104
  - 10-2-1 アルツハイマー型認知症…………………………… 105
  - 10-2-2 パーキンソン病……………………………………… 107
  - 10-2-3 うつ病………………………………………………… 108
  - 10-2-4 神経伝達物質の働き………………………………… 108
  - 10-2-5 セロトニン不足の原因……………………………… 109
- 10-3 アルツハイマー症に効果を示す機能性食品………………… 110
- 10-4 パーキンソン病に効果を示す機能性食品…………………… 112
- 10-5 うつ病に効果を示す食品……………………………………… 112

📖 物忘れと認知症の判別法……………………………………………………… *114*

11 糖尿病

11-1 糖尿病とは……………………………………………………………… *115*
   11-1-1 糖尿病の診断基準……………………………………………… *116*
   11-1-2 糖尿病合併症…………………………………………………… *116*
   11-1-3 糖尿病の原因となる生活習慣………………………………… *117*
   11-1-4 糖尿病発症の仕組み…………………………………………… *117*
   11-1-5 インスリンの働き……………………………………………… *118*
   11-1-6 糖尿病の治療…………………………………………………… *118*
   11-1-7 インスリン抵抗性の原因……………………………………… *119*
11-2 糖尿病の予防標的……………………………………………………… *120*
11-3 糖尿病に有効な機能性食品…………………………………………… *121*
   11-3-1 コーヒーの食後血糖上昇抑制効果…………………………… *121*
   11-3-2 コロソリン酸の血糖値抑制効果……………………………… *122*
   11-3-3 インスリン抵抗性改善のためのクロムイオン付加………… *123*
   11-3-4 soymorphin-5 の血糖抑制効果……………………………… *123*
📖 インスリンの発見………………………………………………………… *124*

12 骨代謝性疾患

12-1 骨代謝性疾患とは……………………………………………………… *125*
12-2 骨粗鬆症………………………………………………………………… *126*
   12-2-1 骨粗鬆症の発症要因…………………………………………… *127*
   12-2-2 カルシウムの食事摂取基準…………………………………… *127*
12-3 変形性関節症，変形性膝関節症……………………………………… *128*
   12-3-1 変形性関節症の発症要因……………………………………… *129*
   12-3-2 変形性関節症の進行…………………………………………… *129*
   12-3-3 変形性関節症を悪化させない生活習慣……………………… *129*

12-4 骨 の 代 謝 ………………………………………………………… *130*
　12-4-1 ビタミンDの骨代謝に対する機能 ………………………… *130*
　12-4-2 ビタミンKの骨代謝に対する機能 ………………………… *132*
12-5 骨粗鬆症に有効と考えられている機能性食品 ……………………… *132*
　12-5-1 カルシウムの効率的摂取 ……………………………………… *133*
　12-5-2 β-クリプトキサンチンによる骨粗鬆症予防効果 …………… *134*
　12-5-3 リコピンの骨粗鬆症予防効果 ………………………………… *134*
　12-5-4 大豆イソフラボンの骨粗鬆症に対する効果 ………………… *135*
12-6 変形性関節症に有効と考えられている機能性食品成分 …………… *137*
📖 5 cm四方の人の骨の塊に象が乗ったら壊れてしまうのか？ ……… *138*

13　脂 質 異 常 症

13-1 脂質異常症とは ………………………………………………………… *139*
　13-1-1 脂質異常症の原因 ……………………………………………… *139*
　13-1-2 高脂血症診断の概略フロー ………………………………… *140*
　13-1-3 リポタンパク質の種類と組成 ………………………………… *142*
　13-1-4 リポタンパク質の働き ………………………………………… *143*
13-2 脂質代謝異常肝疾患 …………………………………………………… *144*
　13-2-1 脂質代謝異常肝疾患の原因 …………………………………… *144*
　13-2-2 脂質代謝異常肝疾患の診断基準 ……………………………… *145*
13-3 肥　満　症 ……………………………………………………………… *146*
　13-3-1 肥満による合併症 ……………………………………………… *146*
　13-3-2 標準体重と肥満度 ……………………………………………… *147*
　13-3-3 肥満をもたらす生活習慣 ……………………………………… *148*
13-4 高脂血症を改善する食材 ……………………………………………… *148*
13-5 脂質代謝異常肝疾患に有効な機能性食品 …………………………… *150*
13-6 肥満症に有効な機能性食品成分 ……………………………………… *151*
📖 豚は肥満なのか？　見た目で判断は禁物 ……………………………… *153*

第4編　機能性食品の課題

14　機能性食品の安全性

14-1　機能性食品を安全に利用するには …………………………………… *155*
14-2　機能性表示食品制度における安全性の要件 ………………………… *156*
14-3　機能性食品による被害 …………………………………………………… *156*
14-4　有効性と副作用 …………………………………………………………… *157*
14-5　機能性食品を医療利用した健康被害 ………………………………… *158*
14-6　消費者の認識不足 ………………………………………………………… *159*
14-7　機能性食品の形状 ………………………………………………………… *159*
14-8　食材の情報と成分の情報の混同 ……………………………………… *160*
14-9　機能性成分の摂取量と生体機能 ……………………………………… *160*
14-10　機能性食品の必要性 …………………………………………………… *161*
14-11　天然物，食経験の安全誤認 …………………………………………… *161*
14-12　植物の有害性 …………………………………………………………… *162*
14-13　加工による危険物質産生 ……………………………………………… *163*
14-14　海藻摂取と発ガンリスク ……………………………………………… *164*
14-15　安全性の量の概念 ……………………………………………………… *165*
14-16　食物と薬の相互作用 …………………………………………………… *166*
14-17　安全に対する意識 ……………………………………………………… *167*
　📖　離乳食は注意が必要（食物アレルギーの原因） ………………… *167*

15　機能性食品の今後の動向

15-1　機能性表示食品制度の振り返り ……………………………………… *169*
15-2　機能性表示食品制度の変更点 ………………………………………… *169*

15-3　機能性表示食品制度の今後の改正 ………………………… *170*
15-4　機能性表示食品制度の問題点 ……………………………… *171*
15-5　機能性表示食品の安全性確保 ……………………………… *172*
15-6　消費者教育の重要性 ………………………………………… *173*
15-7　機能性食品の被害情報 ……………………………………… *174*
15-8　行政による検証・監視体制の整備 ………………………… *176*
15-9　機能性表示食品制度の今後の要望 ………………………… *177*
15-10　先　制　医　療 …………………………………………… *178*
15-11　先制医療と機能性食品 …………………………………… *180*
📖　機能性食品の種 ………………………………………………… *181*

引用・参考文献 …………………………………………………… *183*
索　　　引 ………………………………………………………… *185*

第1編　機能性食品概要

　機能性食品とは病気予防や老化防止に効果がある成分を含み，それら成分を抽出濃縮し，効果的に摂取できるように開発されたものを指す。食品には以下に示す3種類の役割があると言われている。「栄養」，「おいしさ（嗜好性）」，「病気の予防」である。すなわち，食品の栄養素による生命維持の機能（一次機能＝栄養），食品の成分が生体感覚に訴える機能（二次機能＝おいしさ），さらに体調調節を行う機能（三次機能＝病気の予防）である。このうち，病気の予防の役割を果たす食品が機能性食品である。この役割から，健康食品も同義と解釈が可能である。

　さらに機能性食品を定義付けると，「生理系統（免疫，分泌，神経，循環，消化）の調節によって病気の予防に寄与する新食品」となる。古来より「医食同源」という語句が用いられているように，本来食品には医に根ざす機能があり，経験的に有用な食品は積極的に摂取していたことが窺える。

　食品の栄養（一次機能），味覚（二次機能）機能については，栄養学，食品科学の進展により十分解明され，認識されるに至っているが，近年，食品の持つ生体防御，体調リズム調節，疾病予防および回復といった三次機能に光が当たってきた。

　本編においては機能性食品の概要と2015年に新たに制定された機能性表示食品制度について解説する。

既存の機能性食品制度

既存の機能性食品制度として保健機能食品制度が挙げられる。この制度は国が有効性や安全性を個別に審査し，許可した特定保健用食品（特保，トクホ）と，国が定める特定の栄養成分の規格基準に適合した栄養機能食品により構成されていた。しかし，この制度の範囲では国が期待する食品の成長戦略には十分ではなく，2015年に新しい表示制度の発足に至った。本章ではこの新制度発足以前の制度について解説する。

1-1 保健機能食品

保健機能食品とは保健表示ができる食品である。消費者の食の興味も多様化し，健康と食を意識する消費者が近年増加している。このような背景の下，厚生労働省は2001年4月，健康食品のうち，一定の条件を満たすものを「保健機能食品」と称して販売を認める制度を制定するに至った。図1-1に示すよ

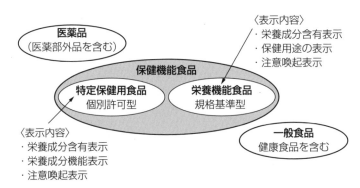

図1-1 既存の食品分類相関図[1], †

うに保健機能食品には，消費者庁が許認可する「特定保健用食品」と認可審査のない「栄養機能食品」に分類される。保健機能食品制度とは，食生活が多様化し，さまざまな食品が流通する今日，消費者のほうが安心して食生活の状況に応じた食品の選択ができるよう，適切な情報提供をすることを目的として創設された制度である。

1-1-1 特定保健用食品
〔1〕 特定保健用食品の指定項目　特定保健用食品には以下に示すような項目が定められており[1]，これ以外の項目は現時点では対象にならない。

- 「お腹の調子を整える」などの表示をした食品
- 「コレステロールが高めの方に適する」表示をした食品
- 「食後の血糖値の上昇を緩やかにする」表示をした食品
- 「血圧が高めの方に適する」表示をした食品
- 「歯の健康維持に役立つ」表示をした食品
- 「食後の血中中性脂肪が上昇しにくい，または身体に脂肪がつきにくい」表示をした食品
- 「カルシウムなどの吸収を高める」表示をした食品
- 「骨の健康維持に役立つ」表示をした食品
- 「鉄を補給する」表示をした食品

例えば免疫疾患に関する特定保健用食品項目は認可されておらず，花粉症などのアレルギー疾患に有効な食品は認可対象とはならない。これら項目について適応対象を増やすべきとの意見も聞くが，安全性を考慮し，昨今の行きすぎた健康食品ブームに歯止めをかける必要も考慮しないわけにはいかない。いずれにせよ，特定保健用食品に認められている項目を見てみると直接疾患を限定するものはない。あきらかに糖尿病を意識した食品であっても，表示としては「食後の血糖値の上昇を緩やかにする」としなければならない。これは，医薬

---

† （前ページの脚注）肩付き数字は巻末の引用・参考文献を表す。

品との識別を目的としている。

〔2〕 **特定保健用食品の要件**　特定保健用食品の要件としては，厚生労働省によると以下に示す基本的な要件8項目を満たしていなければならない。

1. 食生活の改善が図られ，健康の維持増進に寄与することが期待できるもの。
2. 食品又は関与成分について，表示しようとする保健の用途に係る科学的根拠が医学的，栄養学的に明らかにされていること。
3. 食品又は関与成分についての適切な摂取量が医学的，栄養学的に設定できるものであること。
4. 食品又は関与成分が，添付資料等からみて安全なものであること。
5. 関与成分について，次の事項が明らかにされていること。ただし，合理的理由がある場合は，この限りでない。
    ① 物理学的，化学的及び生物学的性状並びにその試験方法
    ② 定性及び定量試験方法
6. 同種の食品が一般に含有している栄養成分の組成を著しく損なったものでないこと。
7. まれにしか食されないものでなく，日常的に食される食品であること。
8. 食品又は関与成分が，「無承認無許可医薬品の指導取締りについて」の別紙「医薬品の範囲に関する基準」の別添2「専ら医薬品として使用される成分本質（原材料）リスト」に含まれるものでないこと。

〔3〕 **特定保健用食品における有効性確認方法**　特定保健用食品における有効性確認方法は科学的に証明されている方法である必要性が高い。すなわち，得られたデータが統計学的に有意である必要がある。また，評価する方法も国際的に認知された方法で実施しなければならない。対象とする疾患の評価法が確立しておらず，認知されていない方法を用いる場合は，有効性の根拠にその旨を記載しなければならない。有効性の具体的な確認方法として $in\ vitro$ 試験（**試験管内試験**），$in\ vivo$ 試験（**動物を用いた評価試験**），作用機序に関する試験，臨床試験が挙げられる。以下に各試験の基準を解説する。

① **in vitro 試験**　　*in vitro* 試験とは試験管内試験と訳される。実際には試験管が用いられるとは限らないが，細胞を用いたり，酵素活性を評価したりした比較的容易にできる試験を示す。医薬品開発ではこれら試験が利用されているが，特定保健用食品の機能性評価にもこれら試験により評価する必要がある。一般的にはこの *in vitro* 試験により得られた結果が陽性であり，十分な機能が認められると判断された場合につぎの *in vivo* 試験に移行する。

② **in vivo 試験**　　*in vivo* 試験とは，疾患モデル動物や健常動物による評価試験を示す。医薬品の開発にはさまざまな動物モデルが作成され，医薬品の評価に使用されている。特定保健用食品の機能性評価にもこれら動物モデルが使用される。医薬品の場合予防薬は一般に認可されないため，被検物は疾患の発症直前か発症直後に投与されることが多いが，特定保健用食品の場合は疾患の発症予防が主なため，被検物は疾患の発症以前に投与されることが多い。

③ **作用機序に関する試験**　　作用機序に関する試験とは評価する成分がどのような分子と関与し機能を発揮するかを明確にする試験を指す。特定保健用食品の認可においては，関与成分の *in vitro* 試験および動物を用いた *in vivo* 試験により，関与成分の作用，作用機序，体内動態を明らかにするための資料の添付が要求される。なお，作用機序については，当該資料により明らかにされていなくても，作用機序に関する試験が適切になされていれば条件付き特定保健用食品の有効性を確認する資料として用いることができるが，この場合，ヒトを対象とした試験（以下「ヒト試験」と言う）のデザインは無作為化比較試験である必要がある。これらの試験結果は，統計学的に十分な有意差を確認できるものでなければならない。

　なお，関与成分に関し，ヒト試験において，その作用，作用機序，体内動態に関する知見が得られている場合には，当該資料の添付により，*in vitro* 試験および動物を用いた *in vivo* 試験を省略することができる。

④ **臨床試験**　　臨床試験とはヒトを用いた評価法のことで，疾患を持つ集団を用いた試験で，健常者との比較により評価される。特定保健用食品の認可においては，臨床試験で有効性が立証されている必要がある。疾患を持つ集

団を用いない場合は，健常者におけるバイオマーカーの数値などにより評価することも可能である。試験デザインについては，結果の客観性を確保する観点から，試験食摂取群と**プラセボ食**（有効成分を含まない試験食）摂取群を対照とした二重盲検比較試験とする必要がある。割付については，原則として無作為割付を行う必要があるが，非無作為割付を行う場合については，条件付き特定保健用食品の有効性に係る資料としてのみ用いることができる。無作為割付の方法としては，試験開始時に全対象者を無作為に試験食摂取群とプラセボ食摂取群とに配置する方法以外に，一時に多数の対象者を得ることができないなどの場合は，得られてくる対象者を一人，二人と順次無作為に割り付け，必要な大きさの標本数に達するまで試験を続けていく方法も許容される。この場合，割付の開示は，すべての試験を終了したのち行うことが必要である。試験方法は並行群間試験を原則とするが，個人差のばらつき，関与成分の保健の用途，試験期間，被験者数などを考慮し，ほかの妥当な方法を用いてもよい。非無作為化比較試験を行う場合にあっては，試験食摂取群とプラセボ食摂取群との間で，性別，年齢，指標などの比較性がある程度担保されることが必要である。比較可能性の観点から，試験食摂取群と性別，年齢，指標などをある程度そろえた対照者にプラセボ食を摂取させる必要がある。

1-1-2 栄養機能食品

栄養機能食品とは成分（ビタミン，ミネラル）の補給のために利用される食品で，栄養成分の機能を表示するものを指す。栄養成分そのものの効能について，商品パッケージなどに記載が可能である。サプリメントなどによくある栄養機能食品であり，ビタミンやカルシウムなど消費者庁が指定する17種の栄養成分に限定されている。指定された栄養成分を一定量含んでいる商品に限り，各企業判断で栄養機能食品として指定が可能である。

栄養機能食品は，栄養成分の機能の表示をして販売される食品である。栄養機能食品として販売するためには，1日あたりの摂取目安量に含まれる当該栄養成分量が定められた上・下限値の範囲内にある必要があるほか，栄養機能表

示だけでなく注意喚起表示なども表示する必要がある。栄養機能食品の表示にあたっては，法令で表示が義務付けられている事項および表示が禁止されている事項に注意しなければならない。特に留意が必要なものを下記に示す。

・栄養機能食品の規格基準が定められている栄養成分以外の成分の機能の表示や特定の保健の用途の表示をしてはならない。
　(例) ダイエットできます。疲れ目の方に。
・「栄養機能食品（ビタミンC）」など，栄養機能表示をする栄養成分の名称を「栄養機能食品」の表示に続けて表示すること。
・消費者庁長官が個別に審査などをしているかのような表示をしないこと。
　(例) 消費者庁長官認定規格基準適合

なお，栄養機能食品の規格基準について**表1-1**に示す。

表1-1　栄養機能食品の規格基準[1]

栄養成分	1日あたりの摂取目安量に含まれる栄養成分量		栄養機能表示	注意喚起表示
	下限値	上限値		
亜鉛	2.10 mg	15 mg	亜鉛は，味覚を正常に保つのに必要な栄養素です。亜鉛は，皮膚や粘膜の健康維持を助ける栄養素です。亜鉛は，タンパク質・核酸の代謝に関与して，健康の維持に役立つ栄養素です。	本品は，多量摂取により疾病が治癒したり，より健康が増進するものではありません。亜鉛の取りすぎは，銅の吸収を阻害するおそれがありますので，過剰摂取にならないよう注意してください。1日の摂取目安量を守ってください。乳幼児・小児は本品の摂取を避けてください。
カルシウム	210 mg	600 mg	カルシウムは，骨や歯の形成に必要な栄養素です。	本品は，多量摂取により疾病が治癒したり，より健康が増進するものではありません。1日の摂取目安量を守ってください。
鉄	2.25 mg	10 mg	鉄は，赤血球をつくるのに必要な栄養素です。	

1. 既存の機能性食品制度

表 1-1 栄養機能食品の規格基準（続き）

栄養成分	1日あたりの摂取目安量に含まれる栄養成分量 下限値	1日あたりの摂取目安量に含まれる栄養成分量 上限値	栄養機能表示	注意喚起表示
銅	0.18 mg	6 mg	銅は，赤血球の形成を助ける栄養素です。銅は，多くの体内酵素の正常な働きと骨の形成を助ける栄養素です。	本品は，多量摂取により疾病が治癒したり，より健康が増進するものではありません。1日の摂取目安量を守ってください。乳幼児・小児は本品の摂取を避けてください。
マグネシウム	75 mg	300 mg	マグネシウムは，骨や歯の形成に必要な栄養素です。マグネシウムは，多くの体内酵素の正常な働きとエネルギー産生を助けるとともに，血液循環を正常に保つのに必要な栄養素です。	本品は，多量摂取により疾病が治癒したり，より健康が増進するものではありません。多量に摂取すると軟便（下痢）になることがあります。1日の摂取目安量を守ってください。乳幼児・小児は本品の摂取を避けてください。
ナイアシン	3.3 mg	60 mg	ナイアシンは，皮膚や粘膜の健康維持を助ける栄養素です。	本品は，多量摂取により疾病が治癒したり，より健康が増進するものではありません。1日の摂取目安量を守ってください。
パントテン酸	1.65 mg	30 mg	パントテン酸は，皮膚や粘膜の健康維持を助ける栄養素です。	
ビオチン	14 μg	500 μg	ビオチンは，皮膚や粘膜の健康維持を助ける栄養素です。	
ビタミンA[注]	135 μg (450 IU)	600 μg (2 000 IU)	ビタミンAは，夜間の視力の維持を助ける栄養素です。ビタミンAは，皮膚や粘膜の健康維持を助ける栄養素です。	本品は，多量摂取により疾病が治癒したり，より健康が増進するものではありません。1日の摂取目安量を守ってください。妊娠3か月以内又は妊娠を希望する女性は過剰摂取にならないよう注意してください。

表1-1 栄養機能食品の規格基準（続き）

栄養成分	1日あたりの摂取目安量に含まれる栄養成分量		栄養機能表示	注意喚起表示
	下限値	上限値		
ビタミンB1	0.30 mg	25 mg	ビタミンB1は，炭水化物からのエネルギー産生と皮膚や粘膜の健康維持を助ける栄養素です。	本品は，多量摂取により疾病が治癒したり，より健康が増進するものではありません。1日の摂取目安量を守ってください。
ビタミンB2	0.33 mg	12 mg	ビタミンB2は，皮膚や粘膜の健康維持を助ける栄養素です。	
ビタミンB6	0.30 mg	10 mg	ビタミンB6は，タンパク質からのエネルギーの産生と皮膚や粘膜の健康維持を助ける栄養素です。	
ビタミンB12	0.60 µg	60 µg	ビタミンB12は，赤血球の形成を助ける栄養素です。	
ビタミンC	24 mg	1 000 mg	ビタミンCは，皮膚や粘膜の健康維持を助けるとともに，抗酸化作用を持つ栄養素です。	
ビタミンD	1.50 µg (60 IU)	5.0 µg (200 IU)	ビタミンDは，腸管でのカルシウムの吸収を促進し，骨の形成を助ける栄養素です。	
ビタミンE	2.4 mg	150 mg	ビタミンEは，抗酸化作用により，体内の脂質を酸化から守り，細胞の健康維持を助ける栄養素です。	

表 1-1　栄養機能食品の規格基準（続き）

栄養成分	1日あたりの摂取目安量に含まれる栄養成分量		栄養機能表示	注意喚起表示
	下限値	上限値		
葉　酸	60 μg	200 μg	葉酸は，赤血球の形成を助ける栄養素です。葉酸は，胎児の正常な発育に寄与する栄養素です。	本品は，多量摂取により疾病が治癒したり，より健康が増進するものではありません。1日の摂取目安量を守ってください。葉酸は，胎児の正常な発育に寄与する栄養素ですが，多量摂取により胎児の発育が良くなるものではありません。

注）　ビタミンAの前駆体であるβ-カロテンについては，ビタミンA源の栄養機能食品（「栄養機能食品（ビタミンA）」）として認めるが，その場合の上限値は7 200 μg，下限値1 620 μgとする。また，β-カロテンについては，ビタミンAと同様の栄養機能表示を認める。この場合，「妊娠3か月以内又は妊娠を希望する女性は過剰摂取にならないように注意してください。」という旨の注意喚起表示は不要とする。

1-2　保健機能食品制度の問題点

　保健機能食品制度の問題点は特に特定保健用食品に多く見られる。2016年時点で特定保健用食品として国の審査基準に合格した食品はおよそ1 000程度あるがその認可には，多大なコストと時間が必要となる。審査する国側でも，危険性を察知できず，安全性に問題のある「エコナ」のような商品を承認してしまった例もある。特定保健用食品は認可にコストが掛かることから，投資の行える大企業による申請がほとんどである。多額の投資を回収すべく，派手で誇張された宣伝も少なくない。消費者側もこのような宣伝に踊らされ，いかにも健康になる，病気の治療になる，薬の代替と錯覚している方も多いのではないかと思われる。病気であれば医療機関を受診し，保険で治療したほうが安上がりである。

　コストが掛かることから特定保健用食品の申請に手を出せない中小企業は健

康食品の名を語った無承認無許可医薬品に手を出してしまったり，効果の少ない，あるいは効果がない商品を販売していたりと，業界の信用低下を招く結果になっている。健康食品を医薬品の代替品的に使用することにより，適正な医療を受ける機会を逸し，疾病の長期化や重篤化を招くおそれもある。保健機能食品制度の主旨を誤解させる表示・広告も存在している。

保健機能食品として販売されている商品では少ないが，**図 1-2** に示すように，インターネット広告で不当表示の改善指導を受けた商品群で最も多かったのは健康食品であった。

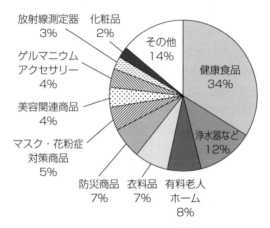

図 1-2 東京都から改善指導を受けた
インターネット広告（2012 年）[2]

このように保健機能食品制度の問題点は特定保健用食品申請にコストが掛かり大手のみの独占になり，過剰広告を誘引すること，中小の企業が違法商品，違法広告に手を出してしまうなどの弊害を生んでいる。

化成品がすべて有害とは限らない

　ある漫画雑誌に連載されている食べ物を扱った内容に関して，その作者は以下のようなことを主張している。「天然物（有機栽培）は安全だが，化成品のような人工物は危険。国産は安全だが輸入品は危険，農薬や抗生物質は危険」などである。一般論としてそのようなことを主張するのはかまわないと思う。しかし，中には作者の知識不足や勉強不足で安全上問題なものや，営業妨害となりかねない内容もしばしば出てくる。

　例えば「亜硝酸は発ガン性があり危険」などの主張だ。亜硝酸が食品成分中のアミン類と反応するとニトロソアミン類が発生する。ニトロソアミン類は発ガン物質，あるいは変異原性物質である。日本のほとんどの加工肉メーカーではベーコンなどの肉製品への亜硝酸添加の際にビタミンCを添加してニトロソアミン生成の抑制を図っている。また，日本人の硝酸塩摂取量は1日平均200〜400 mgで，吸収された硝酸塩は，口中で亜硝酸塩に還元される（16.5 mg相当）。ベーコンなどの添加物から摂取される量は1日1 mg以下であり，影響を受ける量とはとても思えない。

　「国産小麦は安全だが輸入品は殺虫剤を用いているので危険，国産は使用していないので安全だ。」についてもおかしな話である。輸入小麦中の残留農薬量は基準値の1/10以下で安全上まったく問題ない。一方カビ毒の検出件数は輸入品ではほとんどないが，輸入品に比べ国産小麦のほうがはるかに高い件数である。国産小麦は日本が湿潤な気候のため微生物汚染が進みやすいからである。実際にはカビ汚染されたものが出荷される可能性は少ないが，消費者が受けるリスクという点で比較すれば国産のほうが高いわけである。

　日本人が罹患する疾患の原因の一部はごく普通の食事だと言われている。炭水化物を食べすぎれば肥満になり，やがては糖尿病になりかねない。一方，食品添加物が原因で疾患が発症したとする例はほとんど知られていない。添加物を意識するより普通の食品をバランス良く摂取することを意識していただきたい。

　抗生物質の使いすぎは，薬剤耐性菌を発生させるなど環境面での悪影響はあるが，人体に対してはほとんど無害である。相変わらず有機野菜など無農薬がブームだが寄生虫感染のリスクを考えると有機野菜も安全とは言えない。昨今の食品偽装のように，モラルをわきまえない企業を攻撃するのはもっともだが，盲目的に食品添加物や農薬を使用する企業を否定し，読者を不安に陥れるような読み物は慎んでほしいものである。

2 新しく制定された機能性表示食品制度

　新しく制定された機能性表示食品制度は保健機能性食品制度の運用において問題となってきた健康食品業界の健全化と市場規模拡大を目的に新制度として2015年4月に制定された。本章では運用開始時点における制度の内容を解説する。

2-1 機能性表示食品制度とは

　機能性表示食品制度は「自主的かつ合理的な商品選択の機会の確保」を促す制度として2015年4月に制定された。健康食品市場の拡大策の一環で，安倍晋三首相の成長戦略の中で打ち出されていた項目の一つである。その主旨として，安全性試験など自己責任において実施し，機能性を表示することが可能となる。特定保健用食品，栄養機能食品に続く，第三の食品表示制度である。この制度により科学的根拠に基づく健康効果（成分）を持つ食品について，各企業の判断で"機能性表示食品"に指定することができる。指定した食品については，「目が健康になる」，「肌が綺麗になる」といった，通常では過大広告とみなされる文言を，商品パッケージなどに用いることが可能となる。消費者庁では，制定にあたり，本制度を利用する者は，制度の正しい理解に基づいて，消費者の誤解を招かない情報提供を責任を持って行う必要があるとしている。

　図2-1に示すように，本制度の運用は安全性と機能性について十分な精査を行った上で実施しなければならない。

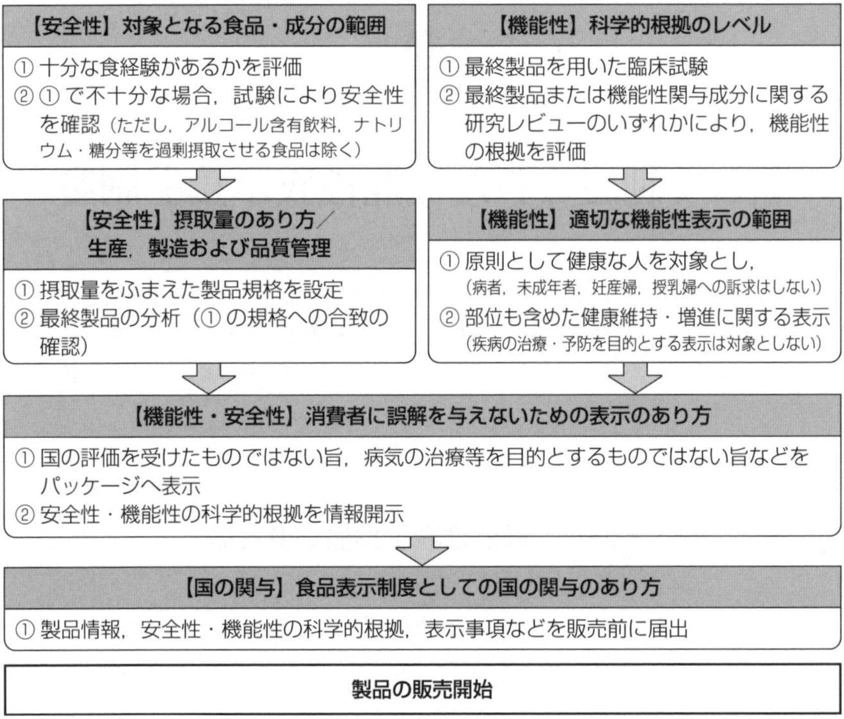

14　2．新しく制定された機能性表示食品制度

【安全性】対象となる食品・成分の範囲	【機能性】科学的根拠のレベル
① 十分な食経験があるかを評価 ② ①で不十分な場合，試験により安全性を確認（ただし，アルコール含有飲料，ナトリウム・糖分等を過剰摂取させる食品は除く）	① 最終製品を用いた臨床試験 ② 最終製品または機能性関与成分に関する研究レビューのいずれかにより，機能性の根拠を評価

【安全性】摂取量のあり方／生産，製造および品質管理	【機能性】適切な機能性表示の範囲
① 摂取量をふまえた製品規格を設定 ② 最終製品の分析（①の規格への合致の確認）	① 原則として健康な人を対象とし， （病者，未成年者，妊産婦，授乳婦への訴求はしない） ② 部位も含めた健康維持・増進に関する表示 （疾病の治療・予防を目的とする表示は対象としない）

【機能性・安全性】消費者に誤解を与えないための表示のあり方
① 国の評価を受けたものではない旨，病気の治療等を目的とするものではない旨などをパッケージへ表示
② 安全性・機能性の科学的根拠を情報開示

【国の関与】食品表示制度としての国の関与のあり方
① 製品情報，安全性・機能性の科学的根拠，表示事項などを販売前に届出

製品の販売開始

安全性，機能性について科学的根拠のもとに十分な精査を行い，
その後表示のあり方を検討し，国に届出となる。

図2-1　機能性表示食品制度概要[3]

2-1-1　制度制定の背景

　本制度が制定された背景として，機能性を表示することができる食品は，これまで国が個別に許可した特定保健用食品と国の規格基準に適合した栄養機能食品に限られていた。しかし，機能性を分かりやすく表示した商品の選択肢を増やし，消費者が商品の正しい情報を得て選択できるよう改善する必要から本制度が制定された。本制度制定により，国の定めるルールに基づき，事業者が食品の安全性と機能性に関する科学的根拠などの必要事項を，販売前に消費者庁長官に届け出れば，機能性を表示することが可能となった。

2-1-2 制度の具体的な内容

制度の具体的な内容として、その対象だが、特定保健用食品を含む特別用途食品、栄養機能食品、アルコールを含有する飲料や脂質、コレステロール、糖類（単糖類または二糖類であって、糖アルコールでないものに限る）、ナトリウムの過剰な摂取につながるものを除き、生鮮食品を含め、すべての食品が対象となる。特定保健用食品とは異なり、国が安全性と機能性の審査を行わないので、事業者は自らの責任において、科学的根拠をもとに適正な表示を行う必要があり、機能性については、臨床試験または**研究レビュー**（システマティックレビュー）によって科学的根拠を説明する必要がある。新制度により機能性を表示する場合、食品表示法に基づく食品表示基準や「機能性表示食品の届出等に関するガイドライン」などに基づいて、届出や容器包装への表示を行う必要がある。

2-1-3 制度の運用にあたり必要な事項

〔1〕 **対象となるかの判断と安全性根拠**　制度の運用にあたり必要な事項として「機能性表示食品の対象食品となるかの判断」、「安全性の根拠の明確化」の2項目が挙げられる。以下それぞれの項目について解説する。

① **機能性表示食品の対象食品となるかの判断**　機能性表示食品の対象食品となるかの判断は以下のチェック項目によりなされる。つぎに該当するものは、対象食品とはならない。

・疾病に罹患している者、未成年者、妊産婦（妊娠を計画している者を含む）、授乳婦を対象に開発された食品。

・機能性関与成分が明確でない食品。

・機能性関与成分が、厚生労働大臣が定める食事摂取基準に基準が定められた栄養素である食品。

・特別用途食品（特定保健用食品を含む）、栄養機能食品、アルコールを含有する飲料。

・脂質、飽和脂肪酸、コレステロール、糖類（単糖類または二糖類であっ

2. 新しく制定された機能性表示食品制度

て，糖アルコールでないものに限る），ナトリウムの過剰な摂取につながる食品。

② **安全性の根拠の明確化**　安全性の根拠の明確化は以下に示す「安全性の要件」，「機能性関与成分の相互作用」の2項目により行われる。

ⅰ）安全性の要件　安全性の要件としては以下の3方法のいずれかにより，安全性を評価し，説明できなければならない。

・喫食実績による食経験の評価。
・データベースの2次情報などの情報収集。
・最終製品または機能性関与成分における安全性試験の実施。

ⅱ）機能性関与成分の相互作用　機能性関与成分の相互作用に関する以下の2種類の評価を行い，相互作用が認められた場合には販売の適切性を説明できなければならない。

・機能性関与成分と医薬品の相互作用の有無を確認し，相互作用が認められる場合は，販売することの適切性を科学的に説明できること。
・機能性関与成分を複数含む場合，当該成分同士の相互作用の有無を確認し，相互作用が認められる場合は，販売することの適切性を科学的に説明できること。

〔2〕**生産・製造および品質の管理体制の整備**　生産・製造および品質の管理体制の整備の観点から，衛生管理・品質管理を充実させ，安全性が確保できる体制を整え，これを説明しなければならない。

・加工食品における製造施設・従業員の衛生管理などの体制/生鮮食品における生産，採取，漁獲などの衛生管理体制の整備。
・規格外製品の流通を防止するための取組み体制の整備。
・機能性関与成分および安全性の担保が必要な成分に関する定量試験の分析方法の策定。

※ HACCP，GMPなどに自主的，積極的に取り組むことが望ましい。

〔3〕**健康被害の情報収集体制整備**　健康被害の情報収集体制整備を図り，健康被害の発生の未然防止および拡大防止のため，情報収集し，報告を行

う体制を整備しなければならない。消費者，医療従事者などから健康被害の報告を受け取るための体制を整えること。

〔4〕 **機能性の根拠** 以下のいずれかにより，表示しようとする機能性の科学的根拠が説明できなければならない。

・最終製品を用いた臨床試験の実施（特定保健用食品と同等の水準）
・最終製品または機能性関与成分に関する研究レビュー（システマティックレビュー）

〔5〕 **適正な表示義務** 容器包装に適正な表示が行われていなければならない。「食品表示基準」，「同基準に関する通知及びＱ＆Ａ」，「機能性表示食品の届出等に関するガイドライン」に基づいて表示すること。

〔6〕 **具体的な機能性評価の方法** 以下の2項に示す科学的な根拠を説明する手法を用いること。

① **機能性評価の方法としての臨床試験** 機能性評価の方法としての臨床試験には最終製品を用い，人を対象として，その成分または食品の摂取が健康状態などに及ぼす影響について介入研究により評価しなければならない。なお，介入研究とは，疾病と因果関係があると考えられる要因に積極的に介入して，新しい治療法や予防法を試し，従来法のグループと比較して，その有効性を検証する研究手法のことである。

② **機能性評価の方法としての研究レビュー** 機能性評価の方法としての研究レビューとして重要なのは一定のルールに基づき，文献を検索し，総合的に評価（システマティックレビュー）する手法を用いることであり，その具体例および，考え方の例はガイドラインに示されている。以下にシステマティックレビューの流れ[3]を示す。

ⅰ）事前に決定した手順に従い，論文を選別
ⅱ）各論文の質をふまえ，総合的観点から機能性の評価を行う。
ⅲ）評価のプロセスと結果を公開

〔7〕 **科学的根拠と表示内容の適合に関する責任** 科学的根拠と表示内容の適合に関する責任として，科学的根拠に基づいて確認した安全性および機

能性と，商品に表示する表現との間に，かい離がないこと，誤解を招く表現となっていないことについて，事業者が責任を持つ必要がある。

〔8〕 **安全性，機能性に関する科学的根拠の内容および説明に関する責任**
科学的根拠の実証を第三者機関などに委託することは可能だが，その科学的根拠の内容および説明に関する責任は届出を行う事業者にある。

〔9〕 **健康被害防止の責任**　届出を行う事業者は健康被害防止の責任を負わなければならない。健康被害の発生の未然防止および拡大防止のため，情報収集し，報告を行う体制の整備に関する責任が必要である。健康被害情報の報告があった場合は，消費者庁，保険所などに報告する責任がある。

〔10〕 **知的財産権に関する事項に係る責任**　届出にあたっては，科学的根拠の説明などにあたり，知的財産権の侵害が生じないよう，事業者が責任を持って確認をする必要がある。

2-1-4　システマティックレビューについて

システマティックレビューについては2-1-3項〔7〕にて簡単に説明したが，ここではより詳細に説明する。システマティックレビューは，ある成分または食品の摂取状況と健康状態の関連などについて，ヒトを利用し評価した研究を対象とする。最終製品または最終製品に含まれる機能性関与成分について，「表示したい機能性」に関する臨床試験や観察研究などの研究論文が登録されているデータベースを用い，研究レビューの実施者があらかじめ設定した方法で論文を抽出する。機能性に関して肯定的な論文だけを意図的に抽出することは認められない。否定的な論文については，肯定的な論文と比較して無視しうるかを精査しなければならない。

〔1〕 **システマティックレビューにおける分類の手順**　抽出されたすべての論文について，最終製品の特性および対象者，表示しようとする機能性との適合度などの観点から論文を絞り込み，これらの論文で最終製品または機能性関与成分に「機能性がある」と認められているのか，もしくは認められていないのかを分類していく。

〔2〕 **システマティックレビューにおける判断基準**　肯定的・否定的・不明瞭な結果をすべてあわせて，最終製品または機能性関与成分に「機能性がある」と認められるかどうかについて総合的に判断する。総合的判断においては客観性を失わず，論理的に行わなければならない。

〔3〕 **システマティックレビューにおける再現性の確保**　他の人にも再現できるよう，使用したデータベース，論文を検索するときに用いたキーワード，論文の採否条件，不採用とした論文名など，すべてのプロセスについて詳細に届出を行う必要がある。

〔4〕 **システマティックレビュープロセスと結果の公開**　機能性の評価にあたり，事前に決定した手順に従い，論文を選別し，各論文の質をふまえ，総合的観点から機能性を科学的に評価する。そして評価のプロセスと結果を公開しなければならない。

〔5〕 **システマティックレビューにおける注意事項**　対象とする論文は査読付きの研究論文であり，機能性が確認されていることを条件とする。なお，以下のものは不可とする。

・学会発表の内容だけのもの

・有識者の講演や談話など

・新聞，雑誌などの記事，学説，起源や由来など

・動物や細胞レベルの実験

・観察研究（サプリメント形状の食品を販売しようとする場合）

　適用される論文としては，人を対象とした臨床試験や観察研究で，機能性が確認されていること。販売対象とする人と年齢，性別，人種などの観点から著しく異なる属性の人だけを対象としていないことも条件になる。機能性関与成分に関する研究レビューを行う場合，当該研究レビューに係る成分と最終製品に含まれる成分の同等性について考察されていること。研究レビューは，信頼性を確保するため，専門知識を持った複数の人で実施すること。著作権法に抵触していないこととする。

2-2 従来に比べた機能性表示食品制度の利点

従来に比べた機能性表示食品制度の利点として，科学的根拠に基づく健康効果（成分）を持つ食品について，各企業の判断で機能性表示食品に指定することが可能となる。例えば「目が良くなる」，「肌が綺麗になる」など，科学的に証明できる範囲の文言を，商品パッケージやCMで利用することが可能となる。食品の種類に制限はなく，サプリ，飲料，お菓子，農水産物，加工食品など，あらゆる食品に対して機能性表示食品と指定することが可能となる。

従来の問題点として特定保健用食品の場合，消費者庁からの認定を得るために約5年近く掛かる場合もあった。時間と費用が掛かるため，事実上，申請できるのは大企業に限られていた。これに対し新制度の場合，食品の販売60日前までに，消費者庁に機能性表示食品として販売する旨を届出するだけで済む。このため，これまで特定保健用食品の恩恵に与れなかった中小企業にも門戸が開かれるという利点がある。

2-3 機能性表示食品制度導入により期待される効果

機能性表示食品制度導入により期待される効果としては安全な商品の拡充，機能性範疇の拡大，効果が期待できないイメージ商品の排除，市場の拡大などが期待できる。以下に各項目について解説する。

〔1〕 **安全な商品の拡充**　届出では安全性にかかわる根拠の資料が求められるため，食の安全など業界の健全化に繋がることが予想される。本制度導入以前は特定保健用食品の認可を受けていない商品で，安全性が担保されていない商品が販売されているケースが散見され，消費者の安全が確保されていない現状にあった。しかし本制度導入により安全性が担保され安全な商品の流通が拡大することが期待できる。また制度導入により，消費者の製品を見極める目が向上し，安全性の証明がなされていない商品の利用が減速すると思われる。

〔2〕**機能性範疇の拡大**　従来，特定保健用食品の範疇に含まれなかった機能性について表示が可能となる。例えば花粉症やアトピー性皮膚炎などのアレルギー疾患の予防機能については特定保健用食品の範疇に含まれていない。しかし，本制度ではこれら疾患の予防機能の表示が可能となる。このように特定保健用食品で定められていた9種類の範疇以外の疾患，健康状態を対象とした食品が開発されることが期待される。

〔3〕**効果が期待できないイメージ商品の排除**　従来の健康食品は体に良さそうなイメージで売る物が多かったが，今後はそれが難しくなり，機能効果について不確かな商品の流通を抑制が可能となる。本制度導入以前は特定保健用食品認可を受けていない商品で，機能性の証明がなされていない商品があたかも有効性があるがごとく販売されているケースが散見された。しかし，本制度導入により消費者の製品を見極める目が向上し，それら商品を利用しない傾向が拡大すると予想される。

〔4〕**市場拡大**　機能性表示食品制度を創設するときに参考にした，米国のダイエタリーサプリメント制度は1994年に開始され，2008年時点で約75 000の製品が流通している。本邦の機能性表示食品も将来的には膨大な数の製品が市場に流通すると考えられる。機能性表示食品制度導入により，業界内で科学的根拠の必要性や安全性への意識が高まっており，業界全体が健全化していけば，さらなる市場拡大が見込める。

2-4　運用当初の機能性表示食品制度の課題

　運用当初の機能性表示食品制度の課題としては科学的根拠の基準，摂取量と効果の関係，宣伝文言の許容範囲などが挙げられていた。以下に各項目について解説する。

〔1〕**科学的根拠の基準**　科学的根拠の基準については2-1-3項〔7〕，2-1-4項で述べたが，実際には数学的な基準値が設けられているわけではなく，どの程度効果があれば有効と見なすのか明確ではない。試験により効果の

判定法が多岐であり，有効濃度や有意差の基準など科学的根拠の判定基準が定まっていないため，あやふやな効果であっても認可される可能性がある。

〔2〕 **摂取量と効果の関係**　摂取量と効果の関係についても明確な判断基準は示されていない。臨床試験では濃度依存性試験が行われるが，実際には多段階での評価は行われず，摂取量と効果の関係が明確に示されるケースは少ないと思われる。本来，本制度は病人を対象とした食品ではなく，予防を前提としているため，「症状が改善する」という内容を証明できても，健常者と病人では症状の改善程度に差があり，摂取量によっては「改善する」までに至らない可能性もある。この結果として，健常者と病人との，ダブルスタンダードのような状態が発生してしまう可能性がある。

〔3〕 **宣伝文言の許容範囲**　宣伝文言の許容範囲も明確ではない。実際に宣伝文言をどこまで許容されるのか定められていないので問題が生じる可能性がある。例えば，同じ疼痛緩和効果であっても「痛みが回復する」，「痛みが回復傾向に向かう」，「痛みが和らぐ」などの表現方法があり，どこまでを許容するのか，表現方法の規定を厳格にする必要がある。

2-5　機能性表示食品の表示例

ここで機能性表示食品の表示例を図2-2に示す。

通常の食品で記載されている成分表示などの規定の表示に加え，機能性表示食品に固有な表示として機能性表食品である旨の記載，消費者庁長官より付与された届出番号，届出表示としてどのような成分が，どんな科学的根拠を評価したかがわかる表示，機能性および安全性について国の評価を受けたものではない旨の表示，摂取目安量，摂取上での注意点などが記載される。

2-5 機能性表示食品の表示例

本品には○○が含まれています。○○には△△の機能があることが報告されています。
本品は事業者の責任において特定の保健の目的が期待できる旨の表示を行うものとして，消費者庁長官に届出されたものです。ただし特定保健用食品とは異なり，消費者庁長官による個別審査を受けたものではありません。

機能性表示食品
届出番号：○○○○
商品名

栄養成分表示　1本あたり
　熱　量　　○○kcal
　タンパク質　○○g
　脂　質　　○○g
　炭水化物　○○g
など
1日あたりの摂取目安量：1本
摂取の方法：1日1本を目安にお飲みください。
摂取上での注意：本品は疾病が治療したり，健康が増進したりするものではありません。

図 2-2　機能性表示食品の表示例[4]

 天然物がすべて安全とは限らない

　1章末のコラムで，ある漫画の話をした。今回はその続きである。漫画の一場面に，フグの白子の代用としてヒツジの脳を薦める話があった。脳は確かにおいしいかもしれない。しかし安全面ではどうだろうか？　読者の皆さんは牛海綿状脳症（BSE）についてはご存知だろう。BSE発見の契機はクロイツフェルトヤコブ病というヒトの脳疾患にあるが，その疾患発見のもとになったのは羊のスクレイピーという，神経系を冒す致死性の高い脳変性の家畜病である。この家畜病は伝染性で罹患個体のプリオンと呼ばれる脳成分を健常な羊に投与すると，その個体も疾患を発症してしまう。BSEの危険度と比較した場合，ヒツジは法規制を受けていないのでかなりリスクは高いと想像される。日本ではヒツジの内臓を食べる習慣がないのでリスクは少ないが，外国では食べる国がある。リスクを考えた場合摂取は控えたほうが良いだろう。

第2編　主要栄養素の機能

　機能性食品学を学ぶにおいて栄養学の基礎知識が必須である。多くの読者はすでに栄養学を学んでいることとは思うが，再確認と重要性の見地から，改めて本編では栄養学の基礎を糖質，タンパク質，脂質に分けて解説することとした。食事と身体の関係を，原点にかえって考える良い機会になることを期待する。4, 5, 6章においては糖質，タンパク質，脂質の代謝と機能について概説するが，3章ではそれに限らず，その他のタンパク質，脂質を含めた食事の消化吸収代謝の総合的解説を含め記載した。

3 主要3大栄養素

　主要3大栄養素とは糖質（炭水化物），タンパク質，脂質を指す。この三つの栄養素は，人間に必要な栄養素の中で特に重要とされている成分である。これらの摂取は生体が機能し，エネルギーの源となり，体を構成する上で重要である。3大栄養素の摂取バランスは糖質60，タンパク質15，脂質25の割合が良いとされている。

　本章では主要3大栄養素に共通する基本的な内容について解説する。

3-1 栄養素摂取の必要性

　1章において食品の機能には，食品の栄養素による生命維持の機能（一次機能＝栄養），食品の成分が生体感覚に訴える機能（二次機能＝おいしさ），さらに体調調節を行う機能（三次機能＝病気の予防）があることを述べた。このうちの食品の栄養素による生命維持の機能（一次機能＝栄養）が非常に重要であることは公知の事実である。食は命の源と言われている。現代の食生活は，豊富な食材に恵まれ，多様な味わいの料理を楽しむことができる。食事にはさまざまな機能や楽しみがあるが，その原点は生命の維持である。自然界のあらゆる生き物と同じように，人間も食べ物に依存して生きている。食事の内容は身体の機能にさまざまな影響を与えるわけであり，基礎栄養素以外の微量な成分も対象となる。

　栄養とは生物が外界から食物を得て，生長し，活力を保ち続ける身体の営みのことである。その栄養の素となる栄養素とは，栄養の源になる物質のことを示す。特に本章で取り扱う糖はその摂取比率として重要である。しかしなが

ら，すべての栄養素をバランス良く摂取することが大切であり，この点において栄養素のすべてが重要である。

病気などで身体の機能が低下したときには，さらに栄養素の摂取（食事）が大切になる。栄養素について知ることは，健康維持や，病気の治療，回復のためにも有用である。

近代の栄養学において多くの研究がなされ，現在は栄養素の働きと身体の機能や健康との関係が明確になっている。もちろん，栄養学すべてのことが解明されているわけではないが，栄養学の基礎知識を得るのに十分な情報が集約されている。

3-2 栄養の役割

栄養の役割は大別するとエネルギー源，体の構成成分，代謝の調整になる。以下に各役割について説明する。

〔1〕 **エネルギーになるもの**　エネルギーになる栄養素はおもに糖質（炭水化物）および脂質である。糖質や脂質の摂取量が足りないと，タンパク質も分解されてエネルギー源となる。安静にしていても，臓器を動かすなど，生命を維持するためには最低限のエネルギーが必要である。これが基礎代謝量である。基礎代謝量を超えて，活動した場合多くのエネルギーが必要であり，活動量が多ければ多いほど，たくさんのエネルギーが使われることになる。一方で，活動量で使う分より多くの糖質や脂質を摂取すると，その分は体に蓄積される。

〔2〕 **体をつくるもの**　筋肉や髪や爪はタンパク質，骨や歯はミネラル，細胞膜などは脂質から構成されている。特にタンパク質は身体のすべての部分をつくることに関係している。

〔3〕 **体の調子を整えるもの**　体の調子を整えるものとしては，ビタミンとミネラルがおもな役割を担う。ビタミンとミネラルは体温調節や体内で必要な物質の合成，神経の働きに関与する。その働きは体の状態を一定に保つた

めに重要である。ビタミンの一部を除いては体内でつくることができない物質である。すなわち，食事から取り入れなければならない。酵素や受容体などはタンパク質が主成分であり，体の調子を整えるのに深く関与している。また，糖質や脂質は酵素や受容体に修飾している場合がある。これらの観点から糖質，タンパク質，脂質も体の調子を整えるものとして関与していると言えよう。

3-3 栄養素の過不足が招くトラブル

各栄養素はいずれも過不足なく摂取する必要がある。不足はもちろんのこと，摂取のしすぎは体調の維持に負担となる。栄養素のバランスが崩れると，体の消化・吸収・代謝にも影響する。過食による肥満は，高血圧，高脂血症，糖尿病などの生活習慣病の原因となり，これら疾患のさらなる悪化をもたらす。バランスのよい食事は生活習慣病の予防に不可欠である。

理想的栄養バランスの食事として，主食として炭水化物を，主菜としてタンパク質や脂質を副菜においてビタミンやミネラルを摂取すると良い。全摂取エネルギーを100として，糖質を62〜68％，脂質を20〜25％，タンパク質を12〜13％がバランスの良い配分と言われている。

3-4 食物の消化，吸収と代謝，排泄

食物の消化・吸収と代謝，排泄は栄養の流れを理解する上で重要な項目である。摂取した食物は，そのままの形では体のために利用されない。食物を体に取り入れられるように消化器官で分解することを消化と言い，消化器官から体液中に取り込まれることを吸収と呼ぶ。各消化器官は動きながら，消化液の働きによって栄養素を吸収しやすい大きさに分解していく。消化された栄養素はおもに小腸から吸収される。栄養素の多くは毛細血管から肝臓に集められ，必要に応じて静脈から心臓を通って全身へ運ばれる。一方，脂質はリンパ管から

静脈を通って同様に全身へ運ばれる。吸収された栄養素をエネルギーや体に必要な物質に生成することを代謝と呼ぶ。吸収・代謝の後に残った物質は，便や尿として排泄されていく。以下に各項目について説明する。

〔1〕**消化**　食事における栄養の摂取の第一段階は消化である。消化とは食物を体に取り入れられるように分解することを示す。消化された栄養素は吸収される。吸収とは消化器官から体液中に取り込まれることを示す。各消化器官は動きながら，消化液の働きによって栄養素を吸収しやすい大きさに分解する。口に入った食物は第一の消化液である唾液とともに咀嚼され，物理的に粉砕されかつ酵素科学的に一部が消化される。咀嚼の役割は食物を粉砕することで次段階の消化が進みやすくすることである。咀嚼された食物は胃へと運ばれ第二の消化液である胃液と混合される。胃液の成分は塩酸（pH1.0〜1.5）および酸性条件下で活性化するタンパク分解酵素**ペプシン**である。ペプシンはペプシノーゲンとして分泌され，胃液の塩酸により活性体に変換される。食物中のタンパク質はペプシンにより分解されペプトンになる。十二指腸に運ばれた食物は膵臓から分泌された膵液，胆嚢から分泌される胆汁と混合される。膵液には**アミラーゼ**，**トリプシン**，ペプチターゼ，**キモトリプシン**，**リパーゼ**などの消化酵素を含み，三大栄養素すべての消化に関与する。一方で胆汁はアルカリ性に保たれており，胃液の酸性を中和する働きがある。アミラーゼはデキストリンを二糖類のマルトースに分解する。トリプシンは塩基性アミノ酸であるリジン，もしくはアルギニンのカルボキシル基側を切断することで，ペプトンをペプチドに分解し，ペプチターゼがペプチドをアミノ酸に分解する。キモトリプシンはトリプトファン，チロシン，フェニルアラニンなどの芳香族アミノ酸のカルボキシル基側を切断する。

　胆汁には胆汁酸が含まれており，胆汁酸は界面活性剤として食物中の脂肪を乳化してリパーゼと反応しやすくすることにより，脂肪の消化吸収に重要な役割を果たす。リパーゼは脂肪をグリセリンと脂肪酸に分解する。

〔2〕**吸収**　十二指腸で消化された食物は空腸，回腸へと運ばれ吸収される。栄養素の吸収方法には能動輸送，受動拡散，促進拡散の3種があ

る。吸収は小腸上皮細胞の**刷子縁**（さっしえん）と呼ばれる部分により行われる。能動輸送はATP依存的吸収であり、拡散とは逆方向に進んでいく。すなわち、濃度勾配に逆らった方向に進む。細胞膜表面に存在するNa^+/K^+-ATPアーゼ（ナトリウムポンプ）と輸送担体タンパクが結合し、このポンプ作用によりナトリウムイオンが細胞内に取り込まれるが、栄養素もナトリウムイオンとともに細胞内に取り込まれる。グルコースの吸収がその代表的なものである。受動拡散はATP非依存性で濃度勾配に従って行われ、**輸送担体**（carrier protein）も必要としない。促進拡散も濃度勾配に従って栄養素の吸収や移動が行われるが、輸送担体を必要とする。

図3-1に示すように、単糖をはじめとする栄養素の多くは、小腸に張り巡らされた毛細血管から門脈を経由し、肝臓に集められ、さらに大静脈から心臓を通って全身へ運ばれる。一方、小腸から吸収された脂質は門脈を経由せずリンパ管から胸管、静脈を通って全身へ運ばれる。

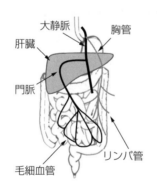

図3-1 消化管における吸収

〔3〕**代　　謝**　　代謝とは吸収された栄養素をエネルギーや体に必要な物質に変換することを示す。生命維持のために栄養素を素材として行われる一連の生合成反応や生化学反応のことであり、新陳代謝の略称である。これらの反応により生体はその成長と生殖を可能にし、その体系を維持している。代謝は大きく**異化**（catabolism）と**同化**（anabolism）の二つに区分される。呼吸に代表される異化は物質を分解することによってエネルギーを得る過程である。一方、同化はタンパク質・核酸・多糖・脂質の合成など、エネルギーを

使って物質再構成する過程である。代謝の生化学反応は代謝経路によって体系付けられ，一つの化学物質はほかの化学物質から酵素によって変換されていく。

〔4〕排　　　泄　　排泄とは吸収・代謝後の残余成分を便や尿として対外に排出することを指す。すなわち，代謝により生じた不要物や有害物（老廃物）を，生物が体外遊離させる現象である。発汗や二酸化炭素の放出などの放出は通常排泄とは呼ばない。

3-5　食事摂取基準

食事摂取基準は，健康増進法（平成14年法律第103号）第30条の2に基づき厚生労働大臣が定めるものとされ，国民の健康の保持・増進を図る上で摂取することが望ましいエネルギーおよび栄養素の量の基準を示すものである。

厚生労働省によれば[5]，健康寿命の延伸を目的に新たな食事摂取基準を設け（2015年版の日本人の食事摂取基準），国民の栄養評価・栄養管理の標準化と質の向上を図ることとしている。その結果従来の目的であった健康の保持増進に加え生活習慣病の発病予防とともに，重症化予防を目指している（図3-2）。対象については，健康な個人ならびに集団とし，高血圧，脂質異常，高血糖，腎機能低下に関して保健指導レベルにある者までを含むものとされている。原則として科学的根拠に基づく策定を行うことを基本とし，現時点で根拠は十分ではないが，重要な課題については，研究課題の整理も行うこととされている。

食事摂取基準の基本的事項としては推定平均必要量，推奨量，目安量，耐容上限量，目標量が設定されている。栄養素の指標は，従来どおり，三つの目的からなる指標で構成されている（図3-3）。推定平均必要量は摂取不足の回避を目的として設定されている。推定平均必要量は，半数の人が必要量を満たす量である。推定平均必要量を補助する目的で推奨量が設定されている。推奨量はほとんどの人が充足している量である。目安量は十分な科学的根拠が得られず，推定平均必要量と推奨量が設定できない場合用いる量として設定されてい

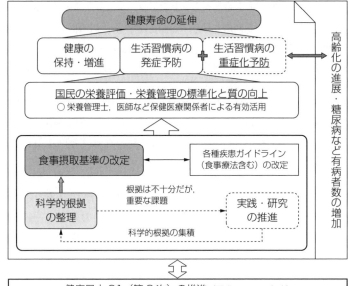

図 3-2 健康寿命の延伸を目的にした食事摂取基準策定[6]

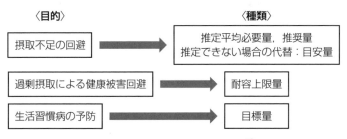

図 3-3 栄養素指標の目的と種類[7]

る。一定の栄養状態を維持するのに十分な量であり，目安量以上を摂取している場合は不足のリスクはほとんどない。耐容上限量は過剰摂取による健康障害の回避を目的として設定されている。生活習慣病の予防を目的に，「生活習慣病の予防のために現在の日本人が当面の目標とすべき摂取量」として目標量が設定されている。

カロリー制限によるダイエット後にリバウンドするのはなぜか？

　人間は長い歴史において何度も飢餓を経験してきた。飢餓にあうたび栄養不足で死を早めた人が多数いたであろう。そのような経験が飢餓になっても生き延びられるよう進化し，飢餓状態になると基礎代謝量を下げ，少ない栄養量でも生存できるよう体の中にスイッチがつくられた。

　カロリー制限は飢餓と同じである。すなわち，カロリー制限するとこのスイッチがオンになり基礎代謝量を下げる。ところがこのスイッチは簡単にオフにならないので，ダイエットが成功し，痩せたためカロリー制限を解除すると以前に比べ基礎代謝量が少なくなっているので，わずかに多いカロリー量でも太ってしまうのだ。これがリバウンドである。

　著者は身長が 186 cm あり高校のころは痩せ型で体重が 65 kg ぐらいであった。高校 3 年生のときに腎臓病を患い，入院時にかなりのカロリー制限食を強いられた。その結果，体重は 52 kg まで減り，まるで栄養失調の人のような体型になってしまった。運良く薬が著効し腎臓病が快方に向かい退院後，食事療法が解除になり普通の食事に戻した。ところが 1 か月で 80 kg になってしまい，いまに至るまでお腹に皮下脂肪が溜まっている。これはまさに飢餓によるリバウンドだ。一度オンにしたスイッチは簡単にオフにならないので読者の皆様もご注意あれ。

4 糖質の代謝とその機能

　糖質の栄養学的なおもな役割は，脳，神経組織，赤血球，腎尿細管，精巣，骨格筋など，通常はグルコースしかエネルギー源として利用できない組織にグルコースを供給することである．すなわち，糖質はこれら組織が機能維持のために不可欠な栄養素である．
　本章では栄養素としての糖質の役割を解説する．

4-1　糖質とは

　糖質はエネルギーになる栄養素の中で最も重要である．糖質は**単糖類**（monosaccharide），**オリゴ糖類**（oligosaccharide），**多糖類**（polysaccharide）の3グループに分類される．
　ヒトに必要なエネルギーのうち，およそ60%前後を糖質から摂取している．米，小麦など主食のほか，穀類，イモ類，トウモロコシなどに多く含まれている．これらはおもにデンプンなどの多糖として存在しており，加熱後摂取される．果物や砂糖に含まれる糖質ももちろんエネルギー源となる．
　糖質はエネルギーのほか，脂質の代謝にも関与している．余った糖質は，**グリコーゲン**や中性脂肪に形を変えて体内に貯蔵される．

4-2　糖質の消化，吸収，代謝

〔1〕**糖質の消化**　糖質の消化はその対象となるほとんどがデンプンである．デンプンはグルコースのポリマーである多糖であり，そのままでは消化

管から吸収されない。食事として口に入った多糖は咀嚼により唾液α-アミラーゼと混合され，一部は二糖類（マルトース）に消化される。しかし，ほとんどは未消化の状態で胃に運ばれ，その後十二指腸で膵液と混合され，膵アミラーゼの働きで二糖類に分解される。すべての二糖類は，小腸粘膜上皮細胞から分泌される**マルターゼ**，**ラクターゼ**，**スクラーゼ**などの酵素によりで単糖にまで分解される。

〔2〕 糖質の吸収　　糖質の吸収は消化により分解された単糖として行われる。単糖は小腸粘膜上皮細胞から吸収され，門脈を経由して肝臓に運ばれ，全身に配られる。グルコースの小腸からの吸収は，Na^+グルコース共輸送体（SGLT）により，Na^+の吸収と共役して能動輸送として行われるので，Na^+はグルコースの小腸からの吸収に必要である。このことから食塩はグルコースの吸収を補助すると考えられている。しかし，フラクトース（果糖）の場合は，Na^+の要求性はなく，空腸上皮に存在する**糖輸送担体**（GLUT5）により，拡散輸送により吸収される。なお，グルコースは肝臓でグルコースの代謝に組み込まれ，速やかにインスリン非依存性に代謝される。フラクトースの場合は直接筋肉で解糖に組み込まれるのは稀で，おもに肝臓で代謝される。このため，フラクトースの摂取過剰は肝臓の負担を高め，エネルギー過剰時に肝臓で中性脂肪に変換されてしまう。

〔3〕 糖質の代謝　　糖質の代謝はまず肝臓により行われる。吸収され門脈を経由し肝臓に運ばれたグルコースは糖新生やグリコーゲン分解により，肝静脈を経て，脳や骨格筋など全身へ供給される。グルコースは筋肉中でただちにリン酸化される。過剰に吸収されたグルコースは肝臓や筋肉ではグリコーゲンとして貯蔵される。エネルギーが不足するとグリコーゲンはグルコースに再転換され，再び全身に送られエネルギー生成に利用される。糖質からエネルギー生成後の残余は，二酸化炭素と水になり排出される。二酸化炭素は呼気から排泄され，水は尿や汗となって排泄される。

　グリコーゲン貯蔵量には限界があり，余分なグルコースは脂質となって肝臓や脂肪組織に貯蔵される。一定のエネルギー消費以上に糖質を摂取しすぎる

と，糖質は肝臓や脂肪組織で脂質に合成され，脂肪として組織に蓄積される。その結果，肥満や脂肪肝に至ることになる。

〔4〕**各組織における糖の利用**　各組織における糖の利用にはほとんどの組織において単糖であるグルコースへの最小要求量がある。例えば，脳にとってグルコースは最も利用しやすいエネルギー源であり，ほかの組織に比べグルコースの利用率が最も高い。脳はその機能上迅速なエネルギー消費が必要であることから，エネルギー化が最短なグルコースの利用率が高いと考えられる。成熟赤血球のようにミトコンドリアに乏しい細胞にとってもグルコースは必須である。グルコースの合成と利用は，エネルギー代謝上きわめて重要な中間代謝過程である。

4-3　肝臓における糖代謝

　肝臓における糖代謝ではグルコースの血中濃度を調節している。食後血中の過剰グルコースがある場合には，それらグルコースを取り入れ，グリコーゲンに転換する（glycogenesis）か，脂肪に転換する（lipogenesis）。一方で，絶食あるいは食間期には，グリコーゲンを分解して，血中グルコースを補う（glycogenolysis）。さらに血中グルコースが不足した場合には，乳酸，グリセロール，アミノ酸など非糖質代謝産物をグルコースに転換する（gluconeogenesis）ことで血中グルコースレベルを高める。このように，解糖系と糖新生系は細胞のグルコース濃度に依存したエネルギー要求を満たすよう，組織特異的な様式で調節されている。

〔1〕**解　　糖**　解糖とはグルコースを利用する主経路を指す。細胞質中でグルコースをピルビン酸などの有機酸に異化し，グルコースに含まれる高い結合エネルギーを使いやすい形に変換していくための代謝過程である。エネルギーをATPの形で獲得し，ほかの代謝経路に中間体を供給する役割を果たしている。具体的には，図4-1に示すように，グルコースを代謝してアセチル-CoAをつくり，**クエン酸回路**による酸化へと導く主要代謝経路である。

4. 糖質の代謝とその機能

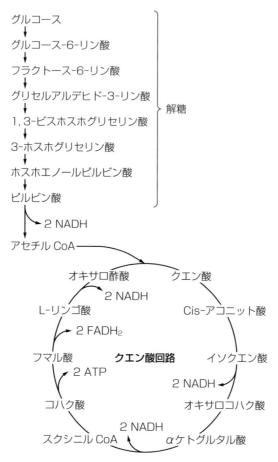

解糖によりグルコースはアセチル CoA となりクエン酸回路に入り 38 分子の ATP を産生する。

図 4-1 解糖とクエン酸回路

食事に由来するフラクトースやガラクトースも、グルコースに変換され、利用可能となる。ほとんどすべての生物が解糖系を持っており、最も原始的な代謝系とされている。嫌気状態でも起こりうる代謝系の代表的なもので、別名嫌気呼吸とも呼ばれる。酸素があればミトコンドリアの呼吸鎖を通して酸素を利用する。

解糖の最大の役割は ATP を生成することである。ATP がつくられるクエン

酸回路および酸化的リン酸化に基質であるグルコースを供給することが解糖である。解糖ではグルコース1分子あたり2分子のATPが生成されるが，クエン酸回路では好気的条件ではグルコース1分子あたり38分子のATPが産生される。また，多くの生合成経路への前駆体となる中間体を生成することも重要な役割の一つである。例えば，アセチルCoAは脂肪酸合成のための前駆体である。ピルビン酸にアセチル基と補酵素A（CoA）が結合してアセチルCoAが合成される。アセチルCoAは，糖からだけでなく，タンパク質や脂質からも生成される。

1分子のNADHからは3分子のATPを，1分子の$FADH_2$からは2分子のATPを合成できるので，これを計算する38ATPが生産されることになる。

〔2〕 **クエン酸回路**　クエン酸回路とは好気的代謝に関する最も重要な生化学反応回路である。酸素呼吸を伴う生物全般で利用されている。解糖や脂肪酸のβ酸化により細胞質で生成されたアセチルCoAはミトコンドリアに移動し，アセチルCoAを基質として反応が進行する。図4-1に示すように，アセチルCoAは酸化されることによって，さまざまな有機酸に変換され，その過程でATPや電子伝達系で用いられるNADHなどを生じ，効率の良いエネルギー生産を可能にしている。クエン酸回路で生成されたNADHは，電子伝達系によりATP生成に利用される。またアミノ酸などの生合成に係る中間体を供給するという役割もある。

クエン酸回路の呼称はTCA（tricarboxylic acid）回路，TCAサイクルと呼ばれる場合もある。

〔3〕 **電子伝達系**　電子伝達系は電子供与体から電子受容体に電子を移動させる連続した酸化還元反応である。解糖やTCA回路により生成されたNADHやFADHの水素は，ミトコンドリアにおいて順次エネルギーが低くなるような一連の酵素連鎖を経て，最終受容体である酸素（O_2）に渡され，水H_2Oになる。この酵素連鎖はミトコンドリア内膜のタンパク質や補酵素間での電子のやり取りであるため，電子伝達系と呼ばれる。また酵素連鎖の過程では，ミトコンドリアのマトリックスから膜間スペースに水素イオンが汲み出さ

れ，内膜との間に水素イオンの濃度勾配が発生する。

〔4〕 **嫌気的解糖** 嫌気的解糖とは生体内で酸素を利用せずにグルコースをピルビン酸や乳酸などに分解しエネルギーを産生する反応過程のことである。グルコースは嫌気的解糖の基質にもなりうることから，運動中の骨格筋は好気的酸化では間に合わなくなったときでも高レベルの活動を行うことができる。各組織は無酸素的な環境にあっても機能することが可能である。嫌気的条件では，グリコーゲンが分解利用され，最終的には乳酸となる。一方，好気的条件では，乳酸は蓄積されず，ピルビン酸が最終産物となり，さらに CO_2 と水にまで酸化される。嫌気的条件下ではグルコース1分子あたり2分子のATPが産生される。

図4-2に示すように，嫌気的解糖ではグルコースはヘキソースリン酸，トリオースリン酸を経て，**ピルビン酸**から乳酸へと変化する。この間に1分子のNADH$^+$を生成し，すなわち3分子のATPを生成し1分子のATPを消費する。結果として2分子のATPが産生される。

〔5〕 **血糖値の調節** 血糖値の調節は肝臓や筋肉などで行われている。

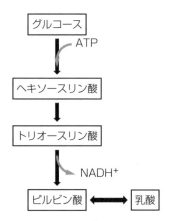

嫌気的解糖ではグルコースは乳酸となり，2分子のATPが産生される。

図4-2 嫌気的解糖

細胞外液の血糖値は約 80 〜 120 mg/dL に厳密に調節されている。この値は血中の血糖値にほぼ等しい。細胞内へのグルコースの取り込みは細胞外液との濃度差によるもので促通拡散によって取り込まれる。神経細胞や赤血球はグルコースを蓄えることができないので，低血糖に陥ると約 20 〜 30 mg 以下で昏睡を起こす。空腹時の血糖値は約 90 mg/dL である。食後に一時的に血糖値は上昇するが，120 分後には正常値に戻る。グルコース吸収期と空腹期ではまったく異なるホルモンにより調節されている。吸収期には**インスリン**が作用し，空腹期には**アドレナリン**，**グルカゴン**，成長ホルモン，甲状腺ホルモン，副腎皮質ホルモンなどが働く。インスリン以外のホルモンは，侵襲下で増加するためにストレスホルモンと呼ばれ，また，インスリン作用とは逆作用のため抗インスリンホルモンとも言われている。

血糖値は細胞への取り込み量と血中への放出量のバランスによって決められる。

〔6〕 **グルコースの供給**　グルコースの供給は肝臓により行われている。**図 4-3** に示すように，血糖値に関与する器官としては肝臓，腎臓，筋肉，脂肪組織がある。肝臓や筋肉は余ったグルコースをグリコーゲンとして蓄えるこ

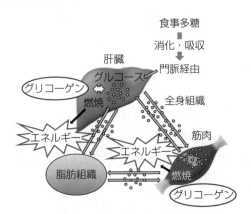

食事由来のグルコースは肝臓や筋肉で代謝され，余剰分はグリコーゲンになるか脂肪組織で脂肪として蓄積される。

図 4-3　エネルギー源の利用と貯蔵

とができるが,血中に放出できるのは肝臓のグリコーゲンに限られており,筋肉内のグリコーゲンは筋肉内でのみ利用される。血中へのグルコース供給は食事,グリコーゲン分解,糖新生の三つの供給源からなされる。絶食時には,迅速に動員可能なグリコーゲンが肝臓と腎臓で利用され,血中にグルコースが放出される。

筋肉のグリコーゲンは運動中の筋肉内で分解されて筋肉に重要なエネルギー源を供給する。肝臓のグリコーゲン貯蔵量は必要カロリーのおよそ半日分のグルコースしかまかなえない。空腹時は筋タンパク分解による糖原性アミノ酸と脂肪分解によるグリセロールからのグルコース合成(糖新生)でまかなわれる。糖新生は血糖値の低下に対応するには少し反応が遅いが,持続的にグルコースを合成・供与する。

エネルギー源として吸収されたグルコースは肝臓を経由して全身に輸送されエネルギーとして消費される。一方消費されなかった過剰なグルコースは筋肉や肝臓でグリコーゲンとして貯蔵される。グリコーゲンの貯蔵量には限界があり,限界量を超えたグルコースは脂質に変換され脂肪として貯蔵される。

4-4 糖質の食事摂取基準

糖質の食事摂取基準は脳におけるグルコースの消費により算出されている。冒頭で述べたように炭水化物の栄養学的なおもな役割は,脳,神経組織,赤血球,腎尿細管,精巣,骨格筋など通常はグルコースしかエネルギー源として利用できない組織にグルコースを供給することである。脳は体重の2%程度の重量であるにもかかわらず,基礎代謝量の約20%を消費すると考えられている。基礎代謝量を1500 kcal/日と仮定した場合,脳のエネルギー消費量は300 kcal/日になり,これはグルコース75 g/日に相当する。上記の脳以外の組織もグルコースをエネルギー源として利用することから,グルコースの必要量は少なくとも100 g/日と推定される。すなわち,消化性炭水化物の最低必要量はおよそ100 g/日と推定される。しかし,これは真に必要な最低量を意味す

るものではない。肝臓は必要に応じて、筋肉から放出された乳酸やアミノ酸、脂肪組織から放出されたグリセロールを利用して糖新生を行い、血中にグルコースを供給するからである。また、実際には、成人ではこれよりも相当に多い炭水化物を摂取しているのが一般である。そのため、この量を根拠として推定必要量を算定する意味も価値も乏しく、炭水化物が直接ある特定の健康障害の原因となるとの報告は、理論的にも疫学的にも根拠が乏しい。そのため、炭水化物については推定平均必要量、推奨量、耐容上限量、目安量のいずれも設定されていない。唯一設定されているのが摂取熱量あたりの食事摂取基準値である。摂取熱量あたりの食事摂取基準値と食物繊維の摂取基準値を**表4-1**に示す。

表4-1 摂取熱量あたりの食事摂取基準値と食物繊維の摂取基準値[8]

性別 年齢	炭水化物の食事摂取基準 目標量（範囲）〔%エネルギー〕		食物繊維の食事摂取基準 目標量〔g/日〕	
	男性	女性	男性	女性
18～29	50以上70未満	50以上70未満	19以上	17以上
30～49				
50～69				
70以上				

なお、ここで**基礎代謝量**とは活動しない状態において、生命活動を維持するために生体が自発的に消費する生理的活動エネルギー量のことである。相当するエネルギー量は、成長期が終了し、代謝が安定した一般成人で、1日に女性で約1200 kcal、男性で約1500 kcalとされている。基礎代謝量の半数は骨格筋、肝臓、脳により消費される。年齢・性別ごとの標準的な1日あたりの基礎代謝量は基礎代謝基準値×体重により**表4-2**のように表される。基礎代謝基準値とは、体重1kgあたりの基礎代謝量を示す数値のことを言う。男女とも1～2歳で最高値を示す。年齢とともに低下し、成人ではほとんど変化しない。

表 4-2　基礎代謝量[8)]

年齢	男性			女性（妊婦，授乳婦を除く）		
	基礎代謝基準値〔kcal/kg/日〕	基準体重〔kg〕	基準体重での基礎代謝量〔kcal/日〕	基礎代謝基準値〔kcal/kg/日〕	基準体重〔kg〕	基準体重での基礎代謝量〔kcal/日〕
1〜2	61	11.7	710	59.7	11	660
3〜5	54.8	16.2	890	52.2	16.2	850
6〜7	44.3	22	980	41.9	21.6	920
8〜9	40.8	27.5	1 120	38.3	27.2	1 040
10〜11	37.4	35.5	1 330	34.8	34.5	1 200
12〜14	31	48	1 490	29.6	46	1 360
15〜17	27	58.4	1 580	25.3	50.6	1 280
18〜29	24	63	1 510	22.1	50.6	1 120
30〜49	22.3	68.5	1 530	21.7	53	1 150
50〜69	21.5	65	1 400	20.7	53.6	1 110
70以上	21.5	59.7	1 280	20.7	49	1 010

人はなぜ太るのか？

　肥満の原因は基礎代謝量，遺伝，燃費で説明ができる。運動をせずに消費されるエネルギー量が基礎代謝量だが，この基礎代謝量をまかなう以上のカロリーを摂取した場合，まったく運動をしなければ余剰カロリー分の栄養は脂質，もしくはグリコーゲンとして蓄積されてしまう。

　ところが大食いタレントのように通常の数倍のカロリーを摂取しても痩せている人もいる。これらの人は摂取分のカロリーを運動で消費しているわけではなく，ほとんどの場合これらの人は遺伝的に栄養の消化吸収率が悪いため，摂取した栄養のほとんどが便として排出されてしまう。

　逆に太りやすい人の場合はどうだろう。これらの人は肥満に関係する遺伝子群の多型がオンになっていることが多い。これら遺伝子多型がオンになると，オフの人に比べ燃費が良くなり，少ない栄養でも生きていけるのに，普通の人と同程度に栄養を摂取してしまい太ってしまう。つまりオフの人に比べ基礎代謝量が少なく，飢餓状態でもほかの人より長く生存できる体質なのである。人間の歴史では過去に飢餓は何度も経験しているが飽食の時代は近年になってからだけである。

5

タンパク質の代謝とその機能

　タンパク質は体の維持や構成に重要な役割をする成分である。食事中のタンパク質はアミノ酸へと消化され，体内でタンパク質へと再合成される。生命維持には不可欠な栄養素である。本章ではタンパク質の栄養素としての機能について解説する。

5-1 タンパク質とは

　タンパク質は多数のアミノ酸が鎖状につながったもので，20種類のアミノ酸から構成される。構成するアミノ酸の数や種類，また結合の順序によって種類が異なり，分子量約4 000前後のものから，数千万から億単位になるウイルスタンパク質まで，多種類が存在する。アミノ酸の連結数が少ない場合にはペプチドと呼び，タンパク質よりも低分子の直線状のものはポリペプチドと呼ばれる。名称の使い分けを決める明確なアミノ酸の個数が決まっているわけではないがおおむね分子量が1 000から4 000程度をポリペプチドとしている。
　また，タンパク質は，炭水化物，脂質とともに三大栄養素と呼ばれており重要な栄養源である。タンパク質は体をつくる役割も果たしており，人間の体に必要でありながら体内でつくることのできないものを必須アミノ酸と呼ぶ。体中に取り入れられたタンパク質はアミノ酸に分解される。筋肉，皮膚，毛髪，爪，臓器，神経などの細胞組織の成分や，酵素，ホルモン，免疫物質，筋収縮や輸送に関与する物質など，それぞれの働きに必要なタンパク質に生合成される。糖質の摂取量が足りないときには，分解されてエネルギーとして消費される。糖質の不足はタンパク質の本来の機能を奪うことになる。

5-2 栄養素としてのタンパク質

　体の組織をつくるタンパク質は，特に発育期，妊娠期には十分に摂取する必要がある。食品によって構成するアミノ酸組成は異なるため，必須アミノ酸をたくさん含んでいる食品，例えば鶏卵，肉類，魚，大豆食品，米などをバランス良く摂取する必要がある。肉類の場合は同時に飽和脂肪酸も摂取することになる点を考慮すべきである。これについては次章において詳しく解説する。**図5-1**に示すように，食事タンパク質はアミノ酸に消化され，小腸で吸収され肝臓に至る。アミノ酸は全身に配られタンパク質に再合成されたり，エネルギーとしても利用されたりする。過剰となったアミノ酸は肝臓で分解され尿素となり，腎臓を経由し尿として排出される。タンパク質の過剰摂取は老廃物である窒素化合物の血中濃度を増加せしめ，窒素化合物の濾過臓器である腎臓に負担を掛けることになる。このことから，腎臓病や糖尿病に罹患している人はタンパク質の摂取量に注意が必要である。炭水化物の場合のグリコーゲンのように，貯蔵だけが目的のタンパク質は存在しない。例外としてカゼインや，オ

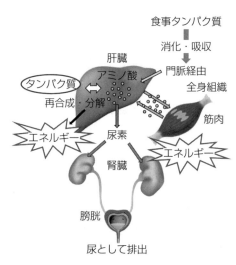

図5-1　アミノ酸の代謝

ボアルブミンは貯蔵タンパク質の役割も兼用している。

5-3 タンパク質の消化，吸収，代謝

〔1〕**タンパク質の消化** 食物として摂取されたタンパク質は，胃内において胃酸により変性を受け，その三次構造が壊される。その結果，三次構造を失ったタンパク質はプロテアーゼ（タンパク分解酵素）が作用しやすくなる。つぎに胃内に分泌されるペプシン（ペプシノーゲンが活性化したもの）により，ポリペプチドであるペプトンにまで分解される。ペプトンは胃酸とともに十二指腸に運ばれ，胃酸は膵液の働きで中和される。ペプトンは膵液中のタンパク質分解酵素であるトリプシン，キモトリプシン，エラスターゼ，カルボキシペプチダーゼなどにより，さらに分解が進行し，より小さいペプチドまで分解される。空腸，回腸と運ばれる間に，腸液内のアミノペプチダーゼやジペプチダーゼの働きにより，ジペプチド，遊離アミノ酸にまで分解される。分解されなかった，一部のポリペプチドは微絨毛内のペプチダーゼによって遊離アミノ酸にまで分解される。

〔2〕**タンパク質の吸収** 小腸内で分解された遊離アミノ酸は小腸絨毛において，刷子縁と呼ばれる小腸上皮粘膜細胞の上部に存在する長さや太さが不揃いの微絨毛が密に形成されている領域中に運ばれ，細胞内へ吸収される。この吸収には担体と呼ばれるタンパク質が必要であり，遊離アミノ酸の吸収にはNa^+依存性と非依存性のものとが関与する。一方，ジペプチドの場合はNa^+ではなく，H^+依存性輸送担体が関与し，H^+とともに吸収される。小腸上皮細胞に吸収された遊離アミノ酸は，絨毛内に張り巡らされている毛細血管内へ放出される。毛細血管に放出された遊離アミノ酸は門脈を経由し肝臓へと運ばれ，さらに全身へと輸送される。

〔3〕**アミノ酸の代謝** 肝臓に運ばれたアミノ酸は一部が代謝分解され，また再合成される。多くの遊離アミノ酸はそのまま，血液によって身体の各組織に運ばれ，組織タンパク質再合成の原料として消費される。

合成されたタンパク質は一定の割合でアミノ酸に再分解され、絶えず新合成タンパク質と入れ替わる。ホルモン、血球、免疫物質の形成などにも使われる。不要になったアミノ酸から出る窒素化合物は肝臓で尿素に変えられ、腎臓を経て尿中に排泄される。一部はエネルギーとしても利用され、その後に二酸化炭素、水となって排出される。

5-4　肝臓のアミノ酸に対する役割

肝臓ではアミノ酸の分解、再合成、体タンパク質や免疫関連物質の生成が行われる。アミノ酸の分解によって生じるアンモニアなどの窒素化合物の大部分は**尿素サイクル**により無毒の尿素に変換され、腎臓を経由し輸尿管を通り膀胱から尿として排泄される。血漿中尿素（0.3 mg/1 mL）は尿中では約67倍（20 mg/1 mL）に濃縮される。

5-4-1　アミノ酸の分解

アミノ酸はヌクレオチド、補酵素など生体の維持に重要な物質の窒素源として不可欠である。アミノ酸のアミノ基は酸化的分解を受けにくく、アミノ酸からエネルギーを生み出すためにはアミノ基を除去することが必須である。そこで図5-2に示すように、アミノ酸のアミノ基はまず、**アミノ基転移**を受け、α-ケトグルタル酸などのアミノ基受容体に転移し、α-ケト酸を生じる。アミノ基は最終的にすべてグルタミン酸に集約される。グルタミン酸はミトコンドリア中で酸化的に脱アミノされ、α-ケトグルタル酸とアンモニアになる。これが酸化的脱アミノ反応である。脱アミノ化されて生じたα-ケト酸はピルビン酸、アセチルCoA、αケトグルタル酸、スクシニルCoA、フマル酸、オキサロ酢酸などに変換されTCA回路に組み込まれ、糖の合成、ケトン体や脂肪酸の合成に利用される。一方、アンモニアは尿素サイクルに入り尿素へと変換される。

〔1〕　**必須アミノ酸**　タンパク質を構成する20種類のアミノ酸の中で、

5-4 肝臓のアミノ酸に対する役割

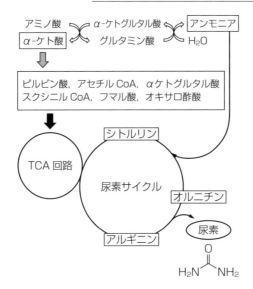

アミノ酸の分解により生じたアンモニアは尿素サイクルに入り尿素へと変換される。

図 5-2 アミノ酸の分解

人体内で合成できない（ヒスチジンを除く）9 種類のアミノ酸を必須アミノ酸と呼ぶ（**表 5-1**）。残り 11 種類の非必須アミノ酸は，ほかのアミノ酸や脂肪，糖などを原料に体内で合成されうる。必須アミノ酸は食物により外部から摂取

表 5-1 必須アミノ酸

アミノ酸	機能
トリプトファン	ナイアシン，セロトニン生産の前駆体，安眠効果，精神安定
リジン	肝臓機能強化，免疫力向上，カルシウムの吸収促進，脳卒中発症予防，ホルモン・酵素の生成
メチオニン	かゆみの軽減，肝機能補助，抑うつ効果
フェニルアラニン	精神安定，食欲抑制，鎮痛効果
スレオニン	成長促進，新陳代謝促進，肝機能補助
バリン	タンパク質合成，肝機能向上，窒素バランス調整
ロイシン	タンパク質合成，肝機能向上，筋肉強化
イソロイシン	成長促進，血管拡張，肝機能強化，筋肉強化，神経機能補助，疲労回復
ヒスチジン	神経機能補助，成長促進，慢性関節炎緩和効果，ストレス軽減効果

しなければ不足してしまい,体の機能維持を正常に保てなくなる。また,非必須アミノ酸も,体内で合成できる量は年齢とともに減少するため,食事からの摂取が必要となる。

タンパク質を構成するアミノ酸は,いずれも L-体であるが,体内ではアミノ酸オキシダーゼとアミノトランスフェラーゼにより,L-体に変換が可能なため,D-型のアミノ酸でも代用は可能である。ヒスチジンは人体内で合成が可能だが,急速な生育に伴い多量のアミノ酸を必要とする幼児の場合では不足が懸念されることから,必須アミノ酸として加わるようになった。なお,アルギニンは人体内で合成され,成人では非必須アミノ酸ではあるが,成長の早い乳幼児期では,ヒスチジン同様に不足しやすいため,これは準必須アミノ酸と呼ばれる。同様の理由から,システインとチロシンも準必須アミノ酸として扱われる場合がある。

〔2〕 **タンパク質の摂取基準**　タンパク質は組織の構成,酵素やホルモンの材料として体にとって必須の栄養素である。タンパク質は,エネルギーとしても利用されるため,エネルギー摂取量により,必要量は変化する。食事摂取基準必要量は,エネルギーおよび各栄養素が不足していない前提での数値である。タンパク質の必要量は,窒素出納実験結果をもとに算定される。

窒素出納実験により測定された良質(動物性)タンパク質の維持必要量をもとに,それを日常食混合タンパク質の消化率で補正して,推定平均必要量算定の参照値を算定し,その上に個人間変動を加えて推奨量が算定された。

窒素平衡維持量は 0.65〔g/kg(体重)/日〕と算定されている。タンパク質の消化率は,ヒト試験において 92.2〜95.4%という結果をもとに 90%と設定された。この値に基準体重を乗じ,さらに個人差を考慮した推奨量算定係数(1.25)を乗じ,食事摂取基準量が算定された[8]。

推定平均必要量 (EAR) ＝窒素並行維持量 / 消化率
　　　　　　　　　　＝0.65〔g/kg/日〕/0.90
　　　　　　　　　　＝0.72〔g/kg/日〕
推奨量 (RDA)　　　＝EAR×個人変動(推奨量算定係数)

$= 0.72 \,[\mathrm{g/kg/日}] \times 1.25$

$= 0.90 \,[\mathrm{g/kg/日}]$

良質タンパク質の窒素並行維持量　$0.65\,[\mathrm{g/kg/日}]$

消化率　　　　　　　　　　　　　90％

個人差変動　　　　　　　　　　　$12.5\times2=25\%$

〔3〕 **アミノ酸スコア**　アミノ酸スコアとは食品中の必須アミノ酸の含有比率が十分であるか評価するための数値である。タンパク質を構成する窒素1gあたりに占める各必須アミノ酸のmg数で表す。特定の食品に対し、窒素1gあたりに占める必須アミノ酸の基準値を決定、公開し、その値と比較してどれだけ含有されているかを評価するための数値である。国際基準はFAO／WHOにより公開提示されてきた。日本では1973年および1985年にFAO／WHOから提案されたものをアミノ酸スコアと表記し用いている。

日常食混合タンパク質の必須アミノ酸含有品質については、2010、2011年国民健康・栄養調査の結果から、食品群別タンパク質摂取量とそれぞれのタンパク質のアミノ酸組成から、アミノ酸摂取量を算出し、アミノ酸スコアを求めると、1973、1985、2007年FAO／WHOアミノ酸評点パターンのいずれの基準を用いても100を超えている。このことから現時点で、必須アミノ酸含有の品質の補正の必要はないとされている。1973年の提案では、実際に人体のアミノ酸必要量に基づいたものとなっており、学齢期児童と成人では必須アミノ酸の要求量が違うことが示されたにもかかわらず、単一の必須アミノ酸の必要量のパターンが採用されている。

〔4〕 **制限アミノ酸**　制限アミノ酸とはヒトが必要とするアミノ酸について、対象となる食品にどの程度含まれているかを調べ、必要量に対して充足率の低いアミノ酸を指す。必須アミノ酸のうち、一つでも含有量が不足したアミノ酸があると、必須アミノ酸全体の利用効率は足りないアミノ酸に引っ張られ下がってしまう。この足りないアミノ酸を制限アミノ酸と呼び、一番足りないものを第一制限アミノ酸と呼ぶ。前項のアミノ酸評定パターンと比較し、必須アミノ酸量が少ないものを選ぶ。選んだアミノ酸について、比率（食品中の

アミノ酸量÷アミノ酸パターンのアミノ酸量×100) を算出する。その比率が最も少ないものをアミノ酸価とする。**表5-2** に示したモデルでは，リジンとメチオニン，システイン，フェニルアラニン，チロシンがアミノ酸パターンよりも少なく，その比率は，リジン 61％ (220÷360×100)，が最も少ないため，リジンの値を取って精白米のアミノ酸価は 61 となる（単位は付けない）。このときリジンを第一制限アミノ酸と呼ぶ。

表5-2 アミノ酸価の算出モデル

アミノ酸	アミノ酸パターン	アミノ酸組成（白米）	アミノ酸価
イソロイシン	180	250	139
ロイシン	410	500	122
リジン	360	220	61
メチオニン	160	150	94
システイン	160	140	88
フェニルアラニン	390	330	85
チロシン	390	250	64
スレオニン	210	210	100
トリプトファン	70	85	121
バリン	220	330	150
ヒスチジン	120	180	150

注）アミノ酸パターン，アミノ酸組成とも単位は窒素 1 g あたりに占める各必須アミノ酸の mg 数。

〔5〕 **必須アミノ酸摂取不足の影響**　必須アミノ酸の種類によりその欠乏症は異なる。極端な摂取不足でない限り極端な症状は発症しない。一般的な欠乏症状としては，体力低下，免疫力低下，子どもの成長障害，肌荒れ，髪のパサつき，脳・神経機能悪化，うつ様症状，ホルモンバランスの悪化，不眠症などが挙げられる。

トリプトファンの食事からの極端な欠乏が起こると，**ペラグラ**と呼ばれる代謝性内分泌疾患の一つが発症する。ナイアシンは必須アミノ酸の一つであるトリプトファンから体内で生合成されるので，トリプトファンが欠乏することでナイアシンが欠乏し，結果ペラグラを発症する。トウモロコシを主食とするイ

タリア北部などで猛威をふるい,「イタリア癩病(らいびょう)」などと呼ばれた。ロイシンを非常に多く含むトウモロコシを主食とする場合,過剰のロイシンによりキノリン酸ホスホリボシルトランスフェラーゼの阻害が起こり,結果としてペラグラが発症する。

5-4-2 タンパク質合成

食事で得るタンパク質より体の中で新たにつくられるタンパク質のほうが約2.5倍も多い。ヒトはつねに体内のタンパク質を分解してアミノ酸プールにためてから新しいタンパク質をつくり直している。食物から消化管で吸収されたアミノ酸各臓器から放出されて再利用されるアミノ酸を原料に合成される。

5-4-3 タンパク質異化

〔1〕 **侵襲時のタンパク質異化**　体に病気やけがなどによる**生体損傷**(侵襲)が加わると,エネルギー代謝が亢進し,損傷された組織を修復するための応答が働く。この応答はタンパク質の異化と呼ばれる,貯蔵炭水化物や脂質を利用しない一時的な反応である。タンパク質の異化は,タンパク質を温存しようとする飢餓時のエネルギー代謝抑制とはまったく異なっている。糖質からだけでは増加したエネルギー消費量を補うことができないため,生体は筋タンパク質などの貯蔵的な役割を持つタンパク質を破壊し,グルタミンやアラニンなどのアミノ酸をエネルギー源として動員する。これらアミノ酸は損傷組織に運ばれ,組織の修復に基質として用いられるのはもちろんのこと,肝臓に運ばれ糖新生によりグルコースに変換され,それが血液中に再放出され,損傷した組織タンパク合成のエネルギー源としても利用される。また,このグルコースは赤血球,脳のエネルギー源としても利用される。

〔2〕 **タンパク質異化の弊害**　大手術,重度外傷,熱傷などの極端な損傷が生体に加わると,全身のタンパク質合成もタンパク質分解も亢進するが,分解のほうが合成よりも亢進し,その結果として,免疫をはじめとする各種の身体機能の低下をきたす。免疫機能の低下は各種の感染症を誘発することか

ら，極端な侵襲時には感染症などの合併症が頻発する。タンパク質は多様な機能に関与するために，タンパク質異化亢進は病気の予後を悪化すると考えられている。**除脂肪体重**（lean body mass）は，体重から体脂肪量を差し引いた値で，体脂肪以外の骨格筋，骨，内臓の重量を表す。タンパク質異化による除脂肪体重の減少は，筋肉量減少（骨格筋，心筋），アルブミンなどの血中タンパク質減少，免疫機能障害（リンパ球，多核白血球，補体，抗体，急性相タンパク），創傷治癒遅延，臓器障害（腸管，肝臓，心臓），生体適応障害などを誘引する。除脂肪体重の減少が30％を超えると，結果として窒素死と呼ばれる個体の死を引き起こすことになる。

5-5 タンパク質を摂取する上での注意点

タンパク質は過剰に摂取しても，体の機能を活性化させるため，あるいは筋肉として貯蔵されるわけではない。1日の総摂取カロリーを30〜35％を超えた場合，筋肉強化に使われないだけでなく，むしろ脂肪に変換されてしまう。

もちろん筋肉トレーニングなどを伴った場合には過剰摂取分は筋肉に利用されるが，それでも利用には限界がある。1回の食事で30gのタンパク質をほかの栄養素とともに摂取することは，タンパク質合成を活性化するために最適量と考えられている。この量は過剰な消化を引き起こさず，消化管における機能維持にも適当量である。

タンパク質は脂肪に変換される率が少ないが，過剰摂取は炭水化物と脂質をエネルギー産出のために燃焼させる機能を低下させてしまう。結果的に過剰摂取は，脂肪に変換される率を高める。

体重1kgに対して0.8gを超える動物性のタンパク質を摂取した場合，尿中カルシウム放出量が増大し，その結果骨密度の低下をもたらす可能性が示唆されている。長期間適量の摂取は，高齢者の骨の健康維持に効果があると言われている。しかしこの場合も，タンパク質だけを摂取するのではなく，炭水化物，脂質，ビタミンなどほかの栄養とバランス良く摂取することが重要であ

る。多量のタンパク質を摂取をしても直接腎臓機能に影響することはないと考えられている。腎臓の濾過能力は過度な摂取にも耐えられるだけの余力があるが，慢性腎臓病，あるいは糖尿病患者は濾過能力が衰えているケースがあり，大量のタンパク質摂取はしないほうが良い。極度のカロリー制限は，タンパク質の必要性を増加させる。ダイエット目的で過度な食事制限を行った場合，タンパク質は糖や脂質へ変換されエネルギーとして利用され，筋肉強化には活用されにくい。タンパク質をサプリメントとして摂取する場合があるが，それだけに偏ると，炭水化物や脂質，ビタミンなどほかの栄養とのバランスが悪く，効率的に利用されない可能性がある。補助的にサプリメントを使用する場合は特に問題はない。

　筋肉強化の目的でのタンパク質必要量は，持久力を強化する目的よりタンパク質を多く必要とする。持久力に必要とされる筋肉は遅筋と呼ばれる赤い筋肉で，これらの発達にはむしろ炭水化物摂取が有効とされている。対照となる速筋（白い筋肉）はタンパク質摂取により増加すると考えられている。

ある女子大生の会話「昨日コラーゲン入り鍋を食べたのでお肌つるつる」これって本当？

　コラーゲンは繊維状のタンパク質で，体や組織の構造を保つ働きをしている。紐を3本よじったような三重らせん構造しているため弾力性がある。コラーゲンのアミノ酸組成は比較的単純でグリシン，プロリン，ヒドロキシプロリン，アラニンがおもなアミノ酸でいずれも非必須アミノ酸であり，体内で合成が可能である。では，コラーゲンは体にどれくらいあるであろうか。コラーゲンは体のタンパク質の中で最も多く，全タンパク質の30%ほどもある。タンパク質は体重の20%くらいあるから，50kgの人だとタンパク質は約10kgで，その30%だから，なんと3kgもコラーゲンは存在する。鍋に入れるコラーゲンの量は多くても数十gであり，その程度の量の補充では肌に影響を与えることはないと考えられる。

6 脂質の代謝とその機能

　脂質は糖質と同様エネルギー源として利用される。しかし，糖質と異なり吸収された脂質はその構造の違いで健康に対する機能に多様性があることが特徴である。一般に飽和脂肪酸の過剰摂取は健康にマイナス面を示すが不飽和脂肪酸は健康にプラスの面を示す場合がある。一方で不飽和脂肪酸の二重結合の位置が異なるだけで健康機能は変化する。本章では栄養素としての役割に加え，健康に寄与する機能性についても解説する。

6-1 脂質とは

　脂質とは生物から単離される水に溶けない物質の総称である。水に不溶，ただしエーテル，ベンゼンなど有機溶媒に溶ける。加水分解により脂肪酸を遊離する。生物体により利用される。

　脂質は以下の3種類に分類される。

〔1〕 **単純脂質**　　アルコールと脂肪酸のエステルのことである。アルコール部分には直鎖アルコールのほか，グリセリン，ステロールなどにより構成される。脂肪酸部分には多様な飽和脂肪酸または不飽和脂肪酸が使われる。

　例）　アシルグリセロール，蝋（wax）

〔2〕 **複合脂質**　　分子中にリン酸や糖を含む脂質で，一般にスフィンゴシンまたはグリセリンが骨格となる。

　例）　リン脂質，スフィンゴリン脂質，グリセロリン脂質，糖脂質，スフィンゴ糖脂質，グリセロ糖脂質，リポタンパク質，スルホ脂質

〔3〕 **誘導脂質**　　単純脂質や複合脂質から，加水分解によって誘導さ

れる化合物。生体中で遊離して存在するイソプレノイドもここに含める。
　例）テルペノイド，ステロイド，カロテノイド

6-2 栄養素としての脂質

　脂質は肉の脂や植物油，**コレステロール**などのおもな成分であり，3大栄養素の一つである。身体の主要なエネルギー源になるほか，細胞膜やホルモン，生理活性物質の材料になる。余剰脂質は中性脂肪として脂肪細胞に貯蔵される。不足すると，疲労や免疫力低下の原因となる。食生活の欧米化により日本人の脂質摂取量は増え，取りすぎによる肥満や脂質異常症，メタボリックシンドローム，動脈硬化などと言った生活習慣病の要因となっている。

6-3 脂肪酸の種類

　脂肪酸は大まかに分けると飽和脂肪酸，不飽和脂肪酸に分類され，不飽和脂肪酸はさらにn-3系（ω3系）脂肪酸，n-6系（ω6系）脂肪酸，n-9系（ω9系）脂肪酸に分類される。脂肪酸の炭素の位置はカルボン酸の炭素を1番とするが，こちらからの番号では種類に統一性がないため，脂肪酸のメチル末端をω位としこれを1番としたときに，3番目と4番目の炭素が二重結合になっている脂肪酸を**n-3系脂肪酸**と呼ぶ。同様にω位から6番目と7番目の炭素が二重結合になっている脂肪酸をn-6系脂肪酸と呼ぶ。同じn-3脂肪酸でも，脂肪酸の種類は多岐にわたる。有名な**DHA（ドコサヘキサエン酸）**も**EPA（エイコサペンタエン酸）**もαリノレン酸もω3系脂肪酸に分類される。

〈n-3脂肪酸の機能〉
　n-3脂肪酸摂取が健康機能に良い影響を及ぼす効果の発見のきっかけはイヌイットの疫学調査に由来する。イヌイットはおもに海獣やイワシ類などの魚肉を良く食べ，ほとんど野菜は食べない食事であるにもかかわらず，心筋梗塞による死亡率が極端に低く，その比率はデンマーク人の10分の1にも満たな

かった。その後の各種研究により EPA や DHA などの n-3 脂肪酸には心血管疾患を低減する効果が実証されている。

ある疫学研究によると，n-3 脂肪酸の多い魚および n-3 脂肪酸を多く摂取するグループは肝がん発生リスクが低くなっている。魚を食べても大腸ガンの発症リスクは下がらないが，魚由来の n-3 脂肪酸および n-3 脂肪酸を多く摂取しているグループは結腸ガンのリスクが低下していた。

そのほか，血中中性脂肪低下作用，血圧改善作用，関節リウマチ症状緩和効果，乳児の成育，行動・視覚発達補助効果，うつ症状緩和効果などが知られている。

6-4 脂質の消化，吸収，代謝

〔1〕 **脂質の消化** 脂質の多い食品は糖質やタンパク質が主体の食品に比べ，消化の始まりが遅く，吸収に時間が掛かる。脂質の多い料理を食べると胃もたれするが，一方で腹持ちが良いと感じるのはこのためである。食品に含まれる脂質の多くは，化学的に安定した中性脂肪の形で存在している。肉などの食品の場合，脂肪は食品中でタンパク質などと複雑なマトリックスとして存在している。食物として摂取した一部の中性脂肪は胃内で胃リパーゼにより消化を受け，遊離脂肪酸とモノグリセリドが産生される。胃内ではタンパク質が消化を受け，このマトリックスが壊れ，脂肪が遊離してくる。遊離した脂肪は十二指腸でさらに消化反応を受ける。トリグリセリドである脂肪は胆汁により乳化され，つぎに膵臓からの膵リパーゼの働きで，胃内と同様にモノグリセリドと脂肪酸，グリセロールに分解される。

〔2〕 **脂質の吸収** グリセロールは水溶性であるため，そのまま小腸上皮細胞から吸収されるが，モノグリセリドと脂肪酸は脂溶性のため，腸内に分泌された胆汁酸，ホスファチジルコリン，コレステロールからなるミセルに取り込まれる。ミセルは両親媒性分子であり，吸収上皮細胞表面にある不撹拌水層を拡散し，受動拡散により吸収細胞内に吸収される。吸収された長鎖脂肪酸

は小胞体に入りアシル CoA シンセターゼの作用により一度アシル CoA となるが，モノアシルグリセロール経路により再度脂肪酸（トリグリセリド）に合成される。脂肪酸はあるタンパク質と結合し，**カイロミクロン**という大きなリポタンパク質を形成する。グルコースやアミノ酸の場合とは異なり，門脈を経ずにカイロミクロンはリンパ管から吸収されリンパの流れにのり，腹部から胸管へ移行し，さらに左頸部下から鎖骨下静脈，心臓を巡って動脈に移り全身へ運ばれていく（図 6-1）。

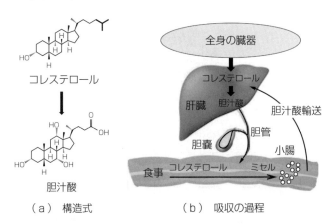

（a）構造式　　　（b）吸収の過程

食事由来コレステロールは胆嚢から小腸に分泌された胆汁酸とミセルをつくり，吸収され，リンパ管を経由して全身に配られる。全身から肝臓に運ばれたコレステロールは胆汁酸に変換され胆嚢に蓄えられる。

図 6-1　コレステロールの吸収

　炭素鎖が 10 個以下の中鎖トリグリセリドは，水溶性である中鎖脂肪酸に分解されて小腸吸収細胞に容易に吸収され，グルコースやアミノ酸と同様に門脈経由で肝臓に輸送され代謝により速やかにエネルギー源となる。図 6-1 に示すように，コレステロールの吸収も脂肪と同様な経路で吸収されるが，食事中のコレステロールは胆汁酸ミセルのみでは，溶解力が小さく乳化されない。トリグリセライドが分解してできた，モノグリセリドと胆汁酸が混合したミセルはコレステロールと複合化され，腸管に吸収され，カイロミクロンになって門脈

を経由し肝臓に運ばれる。

〔3〕 **脂質の代謝**　　脂質の代謝は肝臓，脂肪組織，筋肉でおもに行われる（図6-2）。吸収された脂質のうち，グリセリンは全身の各組織において，グリセロール-3-リン酸を経てジヒドロキシアセトンリン酸となり，解糖経路に入って代謝される。

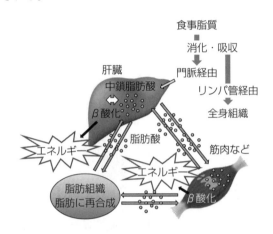

食事由来脂質は胆嚢から小腸から吸収され，リンパ管を経由して全身に配られる。肝臓や筋肉ではβ酸化によりエネルギーとなる。余った脂質は脂肪組織で脂肪として蓄積される。

図6-2　吸収された脂肪酸の代謝

　一方，脂肪酸はグリセリンと同様に全身の各組織の細胞に取り込まれ，ミトコンドリアに運ばれた後，β酸化によってアセチル-CoAにまで代謝される。長鎖脂肪酸は細胞質でアシル-CoAへと変換されるが，アシル-CoAはミトコンドリア内膜を通過できないため，いったん，カルニチンと結合してからミトコンドリアに取り込まれる。ミトコンドリアに取り込まれたアシル-CoAはβ酸化の原料となり，アセチル-CoAにまで分解される。

　β酸化とは，カルボキシル基炭素のつぎの炭素（α炭素）とそのつぎの炭素（β炭素）の間で鎖が切断され，2個の炭素で構成されるアセチルCoAが生成され，アシル基の炭素を2個ずつ切断しては，再度アシルCoAをつくる過程

の繰返しで、すべてのアシル基が切断されるまで繰り返される。この1回単位の反応は実際にはトランス-Δ^2-エノイル化、水和、脱水素化、チオリシスの四つの段階から成り立っている。アシル基の炭素を2個ずつ切断するため、脂肪酸のアシル基炭素数の半分の数のアセチルCoAが産生される。

例えばパルミチン酸（C16）であれば、アセチルCoAは8個つくられる。アセチルCoAはクエン酸回路に送られ二酸化炭素まで酸化される。β酸化とクエン酸回路で生成された電子は電子伝達系でATPに変換され、エネルギーとして消費されることになる。

〔4〕 **コレステロールの代謝** 食事中のコレステロールはまず、長鎖脂肪酸とは異なり門脈経由で肝臓に運ばれる。コレステロールは脂溶性が高く、そのままでは血液に溶けないので、タンパク質と結合したリポタンパク質として血中を運ばれ、肝臓以外の各種臓器へ配られる。

このときの状態はLDL（低密度リポタンパク質）と呼ばれる密度の低い状態で運ばれる。抹消血のLDLコレステロール濃度が高い状態は、コレステロールを体内へ溜め込む方向へと進むことから、運びすぎを示しており、末梢にコレステロールが蓄積してしまう。これがLDLコレステロールを悪玉コレステロールと呼ぶ理由である。

一方HDL（高密度リポタンパク質）は、末消で余ったコレステロールを肝臓に戻す働きをする。肝臓へ戻ったHDLコレステロールは一部が胆汁酸へ変換され、胆嚢を経由し腸管へ排出される。抹消血のHDLコレステロール濃度が高い状態は、余剰なコレステロールを体外へ排出できている状態を示しており、これがHDLコレステロールを善玉コレステロールと呼ぶ理由である。HDLコレステロールが低い状態は、末消にコレステロールが蓄積し、動脈硬化を引き起こしやすくなる。

6-5 必須脂肪酸

リノール酸、リノレン酸、リノール酸から生合成されるアラキドン酸などの

ような，二重結合を2個以上持つ多価不飽和脂肪酸を必須脂肪酸と呼ぶ。これらの脂肪酸は生体内では合成されないことから，食事として摂取する必要がある。無脂肪あるいは無脂肪に近い静脈栄養や経腸栄養で消化器疾患患者を管理すると，およそ3週間で必須脂肪酸欠乏症が発症する。症状として，鱗屑状皮膚炎，脱毛，血小板減少などがある。小児では発育遅延が見られる場合がある。食事による必須脂肪酸の補給により，欠乏症はただちに改善する。これらの症状が発症する理由としては，皮膚などの細胞膜保持やプロスタグランジン，ロイコトリエンの合成には脂肪酸が必要であることが考えられる。必須脂肪酸であるリノール酸およびリノレン酸は，それらの脂肪酸を体内合成するための不可欠な基質となっている。

必須脂肪酸欠乏症が生じるのは上記のような人工栄養に限られ，通常の食事からではほとんどありえない。これは少量の必須脂肪酸であっても，欠乏症予防が可能であるためである。牛乳のリノール酸は，母乳の25％分しか含んでいないが，欠乏症を防ぐのに十分な量のリノール酸が摂取できる。

ここで，各脂質の摂取による影響を示す。

〔1〕 **n-6系脂肪酸** 食事から摂取するn-6系脂肪酸は，ほとんどがリノール酸である。リノール酸は食用調理油に多く含まれる。先に述べたように，リノール酸は炎症を惹起するプロスタグランジンやロイコトリエンの生成に関与する。

〔2〕 **n-3系脂肪酸** 食事から摂取するn-3系脂肪酸の半分以上は，食用調理油由来のα-リノレン酸である。n-3系脂肪酸が欠乏すると皮膚炎を生じることがある。n-3系脂肪酸の摂取により血中中性脂肪値の低下，不整脈の発生防止，血管内皮細胞の機能改善，血栓生成防止などの作用が報告されている。

〔3〕 **コレステロール** コレステロールは体内で合成可能な脂質であり，体重1 kgあたり1日に12～13 mgが体内でつくられている。食事由来のコレステロール量は，体内でつくられるコレステロールのおよそ1/3～1/7程度である。食事からの摂取が増加した場合，肝臓での合成が減少するフィード

バック機能が働く．長期にわたり，コレステロールを多く摂取した場合には，虚血性心疾患やガン罹患の増加が危惧される．

脂質の摂取基準

　総脂質として人が1日に必要な摂取量は，脂質の総エネルギーに占める割合（脂肪エネルギー比率）として男女ともに20%以上30%未満が推奨されている．飽和脂肪酸の必要摂取量は，総エネルギーに占める割合（脂肪エネルギー比率）として男女ともに4.5%以上7.0%未満である．

　表6-1に示すように，n-6系脂肪酸，n-3系脂肪酸，コレステロールが算定されている．各摂取基準量は男女差があり，いずれも男性のほうが多く必要とする．脂肪酸の摂取基準において上限は設定されていないが，特にn-6脂肪酸の過度な摂取は疾患リスクを増大させる可能性がある．

表6-1　各脂質の摂取基準量[8]

n-6系脂肪酸 目安量〔g/日〕		n-3系脂肪酸 目標量〔g/日〕		コレステロール 目標量〔mg/日〕	
男性	女性	男性	女性	男性	女性
11	9	2.1以上	1.8以上	750未満	600未満

　脂肪エネルギー比率が低すぎる場合，食後血糖値，中性脂肪増加，HDLコレステロール低下，脂溶性ビタミンの吸収低下が見られる．逆に脂肪エネルギー比率が高すぎる場合は，エネルギー摂取量が大きくなり，肥満，**メタボリックシンドローム**，**冠動脈疾患**のリスクを増加させる．

　以下に脂質の過剰摂取により発症する疾患について説明する．

　〔1〕**動脈硬化**　過剰となったLDLは動脈の血管内皮の内側に移行する．LDLは喫煙，ストレスなどの原因で増加した活性酸素により，酸化LDLへと変化する．血流中の単球は異物を認識すると貪食により異物を除去する働きを持っている．LDLの抹消血増加は単球の血管内皮浸潤を誘導する．浸潤した単球はマクロファージ細胞に分化し，酸化LDLを異物として貪食される

が，リポタンパクは酵素分解され，コレステロールのみが細胞内に蓄積してしまう。このようにマクロファージが多量のコレステロールを蓄積した状態を泡沫化細胞と呼ぶ。泡沫化細胞が血管内皮に集積し，泡沫化細胞や死細胞などが集まって**アテローム**（粥腫）が形成される（図6-3）。アテロームの増大は血管内皮を押し上げ，血管の内径を狭くして血流を妨げるようになる。これが**動脈硬化**である。動脈硬化は高血圧，**虚血性心疾患**（狭心症，心筋梗塞）の原因となることから，動脈硬化の予防は成人病リスク低減にとって重要課題である。

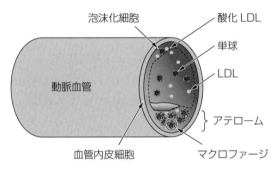

動脈血管内で過剰LDLは蓄積されアテロームを形成する。

図6-3 動脈硬化の形成過程

〔2〕 **脂質異常症の診断基準**　脂質異常症の診断基準は**表6-2**の数値で判断される。診断基準値にある数値が基本となるが，LDLコレステロール値については，ほかの危険因子がある場合には，さらに厳しい数値（管理目標値）が設定され，治療方針が決定される。危険因子として，年齢や喫煙習慣の有無，高血圧や糖尿病，家族病歴などである。

　肥満が原因で高血圧や糖尿病などを併発している場合リスクが高いと判断され，LDLコレステロール値を，管理目標値として 100 mg/dL 以下におさえるなど，治療目標が厳しくなる。

　反対に，危険因子がない場合には，LDLコレステロール値が基準値を超えていてもリスクが低いと判断され，食事などの生活指導を中心とした治療が行われる。

表 6-2 脂質異常症の診断基準[9]

症　状	診断基準値（血漿中濃度）
高 LDL コレステロール血症	LDL コレステロール≧140 mg/dL
低 HDL コレステロール血症	HDL コレステロール＜40 mg/dL
高トリグリセライド血症	トリグリセライド≧150 mg/dL

 コレステロールの名前の由来

　コレステロールの働きとして，肝臓で胆汁酸になり，胆汁中に含まれて十二指腸から分泌され，小腸で脂質が吸収されるのを助ける。胆嚢結石で最も多いのがコレステロール結石である。コレステロールはこの結石が名前の由来で，コレ（胆汁）-ステロ（石）-オール（OH 基を持つ）から命名された。
　龍涎香（りゅうぜんこう）という香料の原料をご存知だろうか。龍涎香はマッコウクジラの腸内に発生する結石である。英中部モーカムの海岸で散歩していた男性が，龍涎香を発見した。約 16 万ドル（約 1 500 万円）の価値があると見られている。このニュースを見た日本人がそれらしきものを見つけ，テレビ番組の「なんでも鑑定団」に出品したところ真っ赤なニセモノであった。しかし日本沿岸にもマッコウクジラは回遊するので海岸を散歩するときは注意深く漂流物を見てみよう。

第3編　機能性食品成分と疾病のかかわり

　本編では具体的に機能性食品について説明していく。解説法として，機能性食品の有効成分の種類毎に解説する方法もありうる。しかし，この解説法では成分の有機化学的解説がメインとなり，また成分の機能が多岐に渡る場合も多く，疾患の説明が詳細にできなくなることが懸念される。そこで，本書では詳細な有機化学的解説は他書に譲り，各種疾患ごとにその疾患に有効な機能性食品の成分を解説することとする。この解説法においては，疾患の概略と発症メカニズムを冒頭で解説し，発症メカニズムと食品成分との関連を示すこととする。発症メカニズムと食品成分との関連が明確であれば，各成分が疾患に有効である根拠となり，有効性を理解する上で重要と考えたからである。

7 免疫

　免疫は多くの疾患に関与する複雑なシステムである。本書で取扱うほとんどの疾患が何らかの形で免疫系と関連している。よって本編のはじめで免疫の端緒をつかむことは有益となるであろう。また，花粉症をはじめとしたアレルギー疾患は国民病とまで呼ばれるほど近年疾患数が増加している。読者の多くもアレルギーに苦しんでいるのではないだろうか。これから機能性食品を試してみようという方にとっても本章が参考になることを期待する。

7-1 免疫とは

　免疫とは，疫（病気）から免れる生体の仕組みのことである。感染など望まれない侵入生物を回避するための，生物的防御力を指す。なお，侵入生物とは細菌や真菌，ウイルス，寄生虫などである。生体内で侵入生物を認識して殺滅することにより，生体を病気から保護するための，複数の機能をまとめたシステムである。その仕組みは精密かつ的確であり自己と非自己を明確に区別し，すみやかにに実行される。侵入生物に限らず，自己細胞が変化したガン細胞や紫外線などにより変異した細胞も対象となる。

　真核生物のほとんどに免疫に類似した生体防御システムが存在する。高等生物ほどそのシステムは複雑かつ正確である。進化はほかの生物との戦いの歴史であり，より有効な免疫システムを獲得できた生物のみが勝ち残ってきた。

　免疫システムは**自然免疫**と**獲得免疫**に分類できる。自然免疫とは，**マクロファージ**のような免疫細胞が直接侵入物を退治するシステムで，獲得免疫とは，司令塔の役割をするＴ細胞が各種免疫細胞に働きかけ，多種類の免疫細

胞による複合的な免疫システムである。また，自然免疫は原始的なシステムであり，多くの生物種で保存されている。一方獲得免疫は魚類以上の顎を持った脊椎動物で保存されている。

7-2 免疫疾患

免疫疾患には以下のようなものがある。

〔1〕 **免疫の低下が原因により発症する疾患** 免疫力が低下したことにより発症すると考えられている疾患として，慢性疲労症候群，腎臓病，慢性リンパ性白血病，心臓病，肝炎，痴呆症，自閉症，糖尿病，ダウン症，膠原病，腫瘍，感染症などが挙げられる。

〔2〕 **免疫の亢進が原因により発症する疾患** 免疫の異常（亢進）が原因で発症すると考えられている疾患として，アレルギー（喘息，アトピー，花粉症），自己免疫疾患，慢性関節リューマチ，炎症性腸疾患，メタボリックシンドローム，各種炎症性疾患などが挙げられる。

7-3 アレルギー疾患

アレルギー疾患は抗原抗体反応が特定の抗原に対して過剰に起こる状態により発症する疾患の総称である。アレルギー疾患はⅠ～Ⅳ型までの4種類に分類される。抗原抗体反応は，本来外来の異物（抗原）を排除するために働く生体にとって有益なシステムであるが，このシステムが過剰に働き，生体にとって不利益をもたらしている状態がアレルギーである。生体は消化管，呼吸器，皮膚，目などが外部と接触しており，これら器官で抗原と接触した場合に発症する。鼻腔粘膜では鼻水やくしゃみが，目ではかゆみや涙が，皮膚ではじんましんのように，粘膜や皮膚の症状が現れるが，それらはおおむね炎症症状として理解されている。

7-3-1　アレルギーの分類

〔1〕**Ⅰ型アレルギー**　体内に侵入した花粉やダニなどの抗原は，**免疫グロブリン（Ig）E 抗体**と抗原抗体反応により結合する。IgE 抗体は肥満細胞や好塩基球に発現している IgE 受容体に結合している。抗原が抗体と結合するとき，一つの抗原が複数の IgE, IgE 受容体を介して結合することを架橋と呼ぶ。肥満細胞や好塩基球上で，抗原と IgE 抗体架橋が起こると，細胞内の顆粒中に蓄えられていた**ヒスタミン**，**セロトニン**などのケミカルメディエーターが細胞外に放出される。ヒスタミンは，血管拡張や血管透過性亢進などを誘発し，浮腫，掻痒などの症状を表出する。セロトニンは，不可欠アミノ酸のトリプトファンから体内で合成されるアミンで，血液凝固，血管収縮，疼痛調節，脳血管収縮調節などに働く。これら一連の応答により発症する症候群をⅠ型アレルギーと呼ぶ。本書では特筆しない限り，Ⅰ型アレルギーをアレルギーと呼ぶこととする。

このアレルギー応答は即時型過敏応答と呼ばれ，アレルギー性鼻炎，気管支喘息，じんましんなどの症状を伴う。反応が激しく，全身性のものをアナフィラキシーと呼び，さらに急速な血圧低下によりショック状態を呈したものをアナフィラキシーショックと呼ぶ。これらアレルギー症状は，10 分前後で現れてくることから，**即時型過敏症**と呼ばれる。

代表的な疾患として，じんましん，食物アレルギー，花粉症，アレルギー性鼻炎，気管支喘息，アトピー性皮膚炎などがある。

〔2〕**Ⅱ型アレルギー**　抗原を保有する自己細胞に IgG 抗体が抗原抗体反応で結合し，それを認識した白血球が自己細胞を破壊する応答をⅡ型アレルギーと呼ぶ。疾患としてペニシリンアレルギーが挙げられる。

〔3〕**Ⅲ型アレルギー**　Ⅲ型アレルギーは抗原・抗体・補体の免疫複合体が組織を傷害する反応により発症する疾患を指す。疾患として，全身性エリテマトーデス，急性糸球体腎炎，関節リウマチなどが挙げられる。

〔4〕**Ⅳ型アレルギー**　Ⅳ型アレルギーは遅延型過敏症のことで，抗原と特異的に反応する感作 T 細胞によって起こる。抗原と反応した感作 T 細胞

から，マクロファージを活性化する因子などのさまざまな生理活性物質が遊離し，周囲の組織傷害を起こす。このIV型アレルギーは細胞性免疫応答であり，リンパ球やマクロファージなどの反応におよそ 24 〜 48 時間を要するため，遅延型過敏症と呼ばれる。ツベルクリン反応，接触性皮膚炎などがある。

7-3-2 アレルギー疾患の原因

　I型アレルギー疾患は近年極端に増加している。発症の要因として，遺伝的背景，食生活，環境影響，抗原の増加などが考えられている。環境要因ではディーゼルエンジンの排気ガス増加により，抗原の感作増強が起こることで説明されている。抗原の増加説は，例えばスギ植林の増加により花粉抗原飛散上昇として説明されている。

　これら要因も発症には関与すると思われるが，より深い影響を与えている要因は衛生仮説により説明される。

　衛生仮説とは，近年の衛生状態の改善により，慢性的細菌感染症が減少し，あるいは寄生虫感染症が減少したために免疫バランスが崩れ発症に導くとする仮説である。細菌が感染すると体内では，細菌の排除のために免疫系が応答する。応答する免疫系は**ヘルパーT細胞**のサブセット Th1 が主体となる細胞性免疫である。一方アレルギーは IgE 抗体が関与する Th2 を主体とする液性免疫反応である。細胞性免疫と液性免疫は相対するバランス関係にあり，細胞性免疫が増強した場合は液性免疫が抑制され，液性免疫が増強した場合には細胞性免疫が抑制される。このように，慢性細菌感染が持続した状態は細胞性免疫がつねに高まった状態であり，液性免疫はつねに抑制された状態である。この結果液性免疫が主体であるアレルギー疾患はその発症が制御される。逆に衛生状態が向上した結果，慢性の細菌感染が減少し，細胞性免疫が低い状態になり，抗原の暴露をきっかけに液性免疫が増加し，アレルギーが発症する。これが衛生仮説である。

7-3-3　アレルギー疾患の治療標的

　アレルギー疾患を治療，あるいは予防するためには発症の要因を除去すればよい。医薬品の場合は予防薬の範疇は認可されないことから症状の緩和を目的とした標的が選択されている。

　予防を主体とした機能性食品の場合，**図 7-1** に示すようなメカニズムから各種標的が選択される。メカニズムを簡単に説明すると次のようになる。ヘルパー T 細胞サブセットが Th2 に傾いた状態に**アレルゲン**が侵入すると，**インターロイキン** (IL) -4 の分泌が更新し，アレルゲンに対する IgE 抗体が多量に産生される。IgE 抗体は肥満細胞の受容体に結合する。再度アレルゲンが体内に侵入すると，IgE 抗体に結合，架橋し**脱顆粒**が起こりヒスタミンが放出されアレルギー症状が出現する。

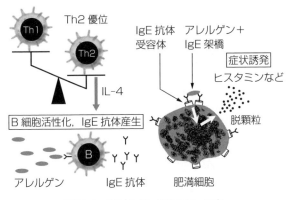

図 7-1　アレルギー発症メカニズム

　具体的な標的としては，アレルゲンの進入阻止，アレルギー増悪**サイトカイン**，IL-4 産生抑制，IgE 抗体の産生抑制，**B 細胞**の活性化抑制，B 細胞増殖抑制，ヘルパー T 細胞 (Th) サブセットバランス是正，抗原の架橋抑制，脱顆粒抑制，ヒスタミン産生もしくはヒスタミン受容体拮抗などである。

　ここで，用語の説明をすると，アレルゲンとは，アレルギー応答を誘引する抗原のことを指し，ハウスダスト，スギ花粉，小麦グリアジンなど，タンパク質に限らず金属や低分子物質でもアレルゲンになりうるものである。また，B

細胞とは，リンパ球は大きく分けるとB細胞とT細胞に分けられる。B細胞は抗体を産生する細胞である。

IL-4とは，ヘルパーT細胞が産生するサイトカインで，B細胞に働きかけ，細胞の活性化，増殖を促し，抗体の産生分泌も促進する働きを持つ。

ヘルパーT細胞とは，T細胞は大きく分けてCD4陽性T細胞とCD8陽性T細胞に分けられるが，ヘルパーT細胞はCD4陽性T細胞のことであり，各種のサイトカインを産生分泌し，さまざまな免疫細胞に働きかけ司令塔の役割をしている。

Thサブセットとは，ヘルパーT細胞は見かけ（細胞表面のマーカー）では分類できないが，サイトカインのつくる種類で分類ができる。**インターフェロン（IFN）γ**などのサイトカインを産生するヘルパーT細胞をTh1，IL-4などのサイトカインを産生するヘルパーT細胞をTh2と呼ぶ。

7-4 炎　　症

炎症は外傷や熱傷などの物理的要因や，感染，アレルギー反応によって引き起こされる，発赤（rubor），熱感（calor），腫脹（tumor），疼痛（dolor）を特徴とする症候を指す。炎症は**腫瘍壊死因子（TNF）α**，IL-1，IL-6，IL-12などの炎症性サイトカインが誘発要因となる場合が多い。ここで，TNFαとは腫瘍を殺す働きがあるとして発見されたサイトカインの一種で，マクロファージなどの細胞により産生され，各種細胞に働きかけ炎症を誘引するなどの働きがある。初期の腫瘍やガンでは壊死因子として効果を示すが，ガンが進行した場合は効果が無く，むしろ症状の増悪に働いてしまう。

炎症性サイトカインは血管の括約筋に作用し，血管を拡張させる。発赤や熱感は当該部位の血管が拡張することにより生じる血流の増加が原因である。同様に炎症性サイトカインは血管の内皮に作用し，血管の透過性を更新する。腫脹・疼痛は**血管透過性**が亢進して浮腫ができ，内因性発痛物質が出現することによる。

炎症は一過性の急性炎症と症状が持続する慢性炎症に分類される。

7-4-1 急性炎症

急性炎症はその原因として体外から侵入した異物や火傷などの外的損傷が原因となる。症状は急激で発赤，熱感，腫脹，疼痛を伴う。一過性の応答であるため，発症要因が取り除かれると，もとの状態へ戻す働きが作用し，損傷した組織の修復へと向かう。

7-4-2 慢性炎症

慢性炎症の要因は多様であるが，例えば，腸内で毒素などにより誘引され，持続的な弱い炎症を特徴とする。自覚症状はほとんどないが，持続することでやがてその臓器の機能が低下する場合が見られる。急性炎症と同様にもとの状態に戻ろうとするが，要因が取り除かれない限り修復は起こらない。

7-4-3 慢性炎症の原因

慢性炎症の原因はさまざまであるが以下に代表的な例を示す。慢性的なストレスは短時間のストレスに比べ，ホルモンが持続的に放出され，その結果炎症を誘発する。加工食品の食べすぎでも慢性炎症が誘発されると言われている。加工食品は天然物に比べ，$\omega 3$ 脂肪酸に対する $\omega 6$ 脂肪酸の比率が多く，免疫系の過剰反応につながると考えられている。糖質の取りすぎも慢性炎症を誘発する。血糖値が高くなると，脂肪組織を中心に TNFα や IL-6 などの炎症性サイトカインが分泌され，血管に損傷を与える要因となる。睡眠不足も，炎症レベルを上昇する要因となる。毎晩6時間以下の睡眠で1週間を過ごした場合，炎症や免疫系，ストレス反応に関連する多数の遺伝子群発現に影響を及ぼすとの報告がある。日ごろの運動不足は，全身に軽度の炎症が起きる。筋肉は適度に活動している場合炎症性サイトカインをほとんど分泌しないが，運動不足で筋肉が衰えてくると炎症性サイトカインが分泌すると報告されている。

7-5 アレルギー疾患に有効と考えられている機能性食品

アレルギー疾患に有効と考えられている食品は**表7-1**に示すように多岐に渡っている。しかしながら，すべての食品について科学的に効果が立証されて

表7-1 アレルギー疾患に有効と考えられている機能性食品

食 品	活性成分	動物モデル試験	臨床試験
シ ソ	ルテオリン，ロスマリン酸	あり	あり
バナナ	オイゲノール	あり	多数あり
ハッサクジャバラ	ナリルチン	あり	あり
緑 茶	メチルカテキン，ストリクチニン	あり	あり
レンコン	ポリフェノール	なし	なし
乳酸菌発酵食品	乳酸菌膜成分，有効な属種は限定される。例）*Pediococcus pentosaceus*	多数	多数
ビワ茶	アミグダリン	あり（抽出物）	なし
なた豆茶	カナバニン	あり（抗炎症）	なし
青 魚	ω3脂肪酸	あり	あり
エゴマ油	αリノレン酸	あり	あり
トマト	リコピン，ナリンゲニンカルコン	あり	あり
梅 肉	ムメフラール，クロロゲン酸	なし	なし
甜 茶	GODポリフェノール	なし	なし
グァバ茶	ポリフェノール	あり	なし
コーヒー	ポリフェノール，カフェイン	あり	あり
青大豆	不明（イソフラボン？）	あり	あり
ショウガ	ショウガオール，ジンゲロール	あり	なし
フ キ	ペタシン，フキノール	あり	なし
イチジク	不明	あり	なし
リンゴ	リンゴプロシアニジン	なし	なし
ウコン	クルクミン	あり	なし
海 藻	フコイダン	あり	あり
金時草	粘性多糖	あり	なし

いるわけではなく，その効果が疑わしいものもある。表では動物モデル試験の有無，臨床試験の有無を記載したので参考にされたい。

7-5-1 作用メカニズムが解明されている成分

アレルギーに有効な食品成分のうち，表7-1に挙げたほとんどの成分で作用メカニズムが解明されている。脱顆粒抑制が作用メカニズムである成分として，**メチルカテキン**，ストリクチニン，ペタシン，ナリンゲニンカルコン，リンゴプロシアニジンなどがある。IgE抗体の産生を抑制する作用メカニズムが確認されている成分としてはクルクミン，青大豆活性成分などが挙げられる。Thバランスを是正する成分としては乳酸菌膜成分，フコイダン，粘性多糖などが挙げられる。

脱顆粒抑制を標的にした場合，アレルゲンが肥満細胞のIgEに結合し，架橋形成するタイミングで活性成分は局所に存在しなければならない。しかしながら，食品成分は体内へ吸収されると早いものでは数分で代謝され，分解排泄されてしまう。長時間にわたり成分が肥満細胞内で作用していれば，症状軽減効果は得られると思うが，そのようなケースは稀と言わざるをえない。医薬品として**クロモグリク酸**（インタール）は脱顆粒抑制メカニズムで承認されているが，その応用は点眼薬としての用法が主である。点眼の場合，局所である目に直接成分が作用するので効果が期待できる。

こういった理由から，著者は食品成分でアレルギーに効果を得るメカニズムは脱顆粒抑制以外を選択すべきであると考える。これまでは脱顆粒抑制を標的にする成分探索が主流であったが，今後はより予防的な成分が発見されることを期待したい。

7-5-2 青大豆の抗アレルギー効果

近年B細胞の増殖維持に関与する新しいサイトカインが同定された。TNFαファミリーに属するB細胞-活性化因子のBAFFとAPRILである。実際血中BAFFレベルは喘息とアトピー性皮膚炎患者では増加している。したがって，

ヘルパーT細胞サブセット（Th1とTh2）のバランス改善，BAFFとAPRILの抑制は，アレルギー疾患の治療に対する合理的な戦略と考えられる。

著者らはアレルギー疾患に有効な食品を探索する方法として，この戦略を用い，食用植物から天然成分をスクリーニングした結果，青大豆熱水抽出物に候補成分を見出した[10]。青大豆熱水抽出物はThバランスを改善しかつ，BAFF，APRILの産生を抑制した。そこで，さらに動物試験により青大豆熱水抽出物に抗アレルギー効果が得られるかを検討した結果，モルモット鼻炎モデルで青大豆熱水抽出物投与が有効であることを検証した。

〔1〕 **青大豆の抗アレルギー効果臨床試験方法**　青大豆の抗アレルギー効果の検証はヒトを対象とした2群の臨床試験により実施された。両群は前年の症状スコアより群分けされた。両群ともに青大豆抽出物をスギ花粉飛散前の2010年1月17日から1日3g服用を開始し，6週間継続摂取した。花粉の飛散時期である7週間目の3月2日においてA群は服用を中止し，B群では12週目の4月16日まで服用を継続した。被検者は30歳から60歳の男女で，いずれも**花粉症**に罹患している者を対象とした。被検者には試験期間を通してアレルギー症状と服薬状況を記録してもらった。試験はヘルシンキ宣言のガイドラインに従って実施された。ほとんどの被験者が埼玉県西部地方に居住していることから，大気中のスギ花粉飛散量は埼玉飯能地方における環境省発表のデータを用いた。花粉飛散量は1立方メートルあたりの花粉数で表された。

自覚症状については，2005年版アレルギー性鼻炎診療ガイドラインの指針に従って，症状の程度に相当する5段階評価を行いスコア化した。

症状は，以下の5段階のスコアで評価された。

　　　無症状0，軽症1，中等症2，重症3，最重症4

被検者はアレルギー自体を防止する薬物は試験開始6か月前から投与されなかったが，試験期間中市販薬，もしくは医師から処方された薬剤を自由に摂取しても可とし，服薬量，種類を記録された。摂取した薬物はその内容により，スコア0から3まで分類され記録された。

〔2〕 **青大豆の抗アレルギー効果臨床試験結果**　当該年の花粉飛散量は2

月下旬より急速に増加し，1日あたりの最大飛散量のピークを3月15日に記録した．青大豆摂取中断日は花粉飛散量が上昇し始めたタイミングであったので，切り替え時期としては適していると考えられた．

図 7-2 に示すように，症状と服薬程度を合算したスコアは目症状で花粉飛散時期を通して長期摂取群（○）は短期摂取群（●）に比べ顕著な抑制作用が確認された．鼻症状についても期間を通して抑制し，有意に抑制している期間もあった．

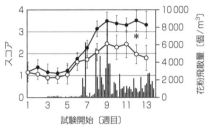 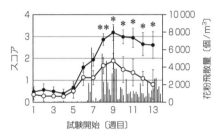

（a） 鼻に関する症状・服薬合算スコア　　（b） 目に関する症状・服薬合算スコア

＊：$p < 0.05$，＊＊：$p < 0.01$
ヒト臨床試験により青大豆に花粉症の症状を緩和する働きがあることが確認された．

図 7-2　青大豆の花粉症抑制効果[10]

〔3〕青大豆の抗アレルギー効果臨床試験考察　青大豆の長期期間摂取は花粉症の各症状を有意に抑制することが明らかとなり，その傾向は目症状において強く，摂取期間後半にかけ顕著であった．このことから，青大豆を花粉症発症後の継続摂取により，予防効果としてではなく，治療効果として症状を改善する可能性が示唆された．このことは，マウスを用いた試験において，オボアルブミン感作後に青大豆摂取を始めた場合において抗原特異的 IgE 抗体産生を抑制する事実と符合する．

青大豆は抗体産生 B 細胞の維持に関与するサイトカイン BAFF，APRIL の発現を抑制することから，抗原特異的 IgE 抗体産生 B 細胞のアポトーシスを増強し，その結果抗原特異的 IgE 抗体産生を抑制することで花粉症の症状を緩和していると思われる．

青大豆摂取により服薬スコアが抑制されていることから，青大豆を継続的に摂取することにより，薬の利用量を低下させることから，対象者のQOL向上につながる可能性が示唆された。なお，QOLとはquality of lifeの略で個々の人生の内容，質の程度を指し，どれだけ人間らしく有意義に生活を送っているかの尺度を示す。以上のことから，青大豆を摂取することでヒトの花粉症症状を緩和することが明らかとなった。

7-6 炎症に有効な機能性食品

7-6-1 作用メカニズムが解明されている成分

表7-2に示すように抗炎症効果のある食品は多岐に渡る。示した食品のほとんどで活性成分は判明しており，動物モデル実験はもとより，大半で臨床試験も実施されている。

表7-2に示した食品の活性成分に関して詳細な抗炎症効果の比較がなされているので表7-3にそのデータを示す。

表7-2 抗炎症効果のある食品

食品	活性成分	動物試験	臨床試験
緑茶	カテキン	あり	あり
ブドウ種子	レスベラトロール	あり	あり
ココア	ココアフラバノール	あり	なし
リンゴ，タマネギ	ケルセチン	あり	あり
ブロッコリー	スルフォラファン	あり	あり
青魚	ω3脂肪酸	あり	あり
ウコン	クルクミン	あり	あり
トマト	リコピン	あり	あり
大豆	イソフラボン	あり	あり
青大豆	不明（イソフラボン？）	あり	なし
ショウガ	ショウガオール，ジンゲロール	あり	なし

表 7-3　抗炎症成分の活性比較

成分分類	由来	活性成分	IC_{50} 〔μM〕
フラボン	豆科植物	プリムレチン	10.6±3.9
	豆科植物	7-ヒドロキシフラボン	5.2±2.2
	トケイソウ, ヒラタケ	クリシン	2.8±0.4
	コガネバナ	バイカレイン	2.5±0.9
	セロリ, パセリ	アピゲニン	3.3±2.0
	セロリ, パセリ	ルテオリン	36.3±18.8
フラバノン	トマト	ナリンゲニンカルコン	7.9±1.9
	レモン	エリオディクチオール	7.2±1.7
	柑橘類	ヘスペレチン	8.4±1.3
フラボノール	非天然物	3-ヒドロキシフラボノール	30.6±26.8
	シラカバ	レソガランギン	10.7±6.6
	プロポリス	ガランギン	14.3±2.6
	茶, キャベツ	ケンフェロール	13.1±1.7
	タマネギ外皮	ケルセチン	13.9±2.3
イソフラボン	大豆	ダイゼイン	37.6±14.3
	大豆	ゲニステイン	7.2±2.3
スチルベン	ブドウ種子	レスベラトロール	7.6±1.9
参考	医薬品	アスピリン	2.9±2.1

注) IC_{50}（50%阻害濃度）：化合物の阻害作用の有効度を示す値で，非添加の効果の半分の値になる添加化合物濃度。

評価法としてはグラム陰性菌細胞壁外膜の構成成分であり，マクロファージなどの免疫細胞が認識し，炎症サイトカインを産生誘導するLPS（**リポポリサッカライド**）で刺激したラット腹腔マクロファージ細胞における**プロスタグランディン**E2の産生抑制が用いられている。

ここで，プロスタグランディンとは，アラキドン酸から生合成される，痛みや炎症の原因物質として知られる生理活性物質のことで，PGAなどと表記され，AからJまで多種類の型がある。

7-6-2　青大豆の抗炎症効果

食品への可視光照射は食品成分を酸化させ，健康にとって害悪となる場合が

多い。しかし，ビタミンDのように，紫外線照射によって活性化される場合もあり，また緑茶葉への可視光およびUV-A紫外線照射では酸化防御活性の増加を引き起こすことが確認されている。

〔1〕 **青大豆の抗炎症効果試験方法**　著者らは，植物抽出物に可視光を照射した場合，健康面でメリットが得られる可能性を考慮し，各種植物抽出物へ光照射したサンプルを用いスクリーニングを実施した。その結果，ヒトT細胞様株Jurkatにおいて可視光照射した青大豆エタノール抽出物に，強いIL-2産生抑制効果が確認された[11]。Jurkat細胞を**カルシウムイオノフォア**と**ホルボールエステル**で刺激し誘発されたIL-2産生量と照射の程度との相関関係を調べた。その結果，図7-3に示すように照射時間および照度はIL-2産生量と逆相関し，光照射の程度に依存してIL-2産生が抑制されることを確認した。なお，カルシウム・イオノフォアとは，細胞膜のカルシウムイオンの透過性を亢進する物質の総称でT細胞に対しこれを作用させると抗原提示を行ったのと同じような応答を示す。また，ホルボールエステルとは，プロテインキナーゼCなどさまざまなタンパク質を活性化する合成化合物である。カルシウム・

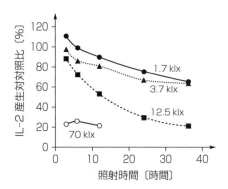

青大豆熱水抽出物に光を照射したものを細胞に添加すると，炎症を増悪させるサイトカインIL-2の産生が抑制されることが確認された。

図7-3　青大豆抽出物への光照射による抗炎症効果[11]

イオノフォアの働きを増強する。

〔2〕 **青大豆の抗炎症効果試験結果**　つぎにこの現象が青大豆特異的かどうかを検証する目的で各種大豆品種のエタノール抽出物に対して光照射し，IL-2産生量を比較した。その結果，29品種のうち15品種の青大豆のみが強いIL-2産生抑制活性を示した。光照射青大豆エタノール抽出物はヒト単球様細胞THP-1において，LPS誘発IL-6，IL-12，TNFα発現を濃度依存的に抑制した。しかし，光未照射青大豆抽出物と光照射黄大豆エタノール抽出物はこれらサイトカインの発現をほとんど抑制しなかった。

炎症性サイトカインやIL-2産生が抑制されることから，光照射青大豆エタノール抽出物には抗炎症性効果が期待できる。そこで，アトピー性皮膚炎マウス・モデルを用いて光照射青大豆エタノール抽出物の抗炎症機能を検討することとした。Nc/Ngaマウスはダニ抗原の塗布によりアトピー性皮膚炎様の皮膚炎を発症する。8週令のNc/Ngaマウスの背部にコナヒョウヒダニエキス（ビオスタAD）を週1回，6週間塗付した。光照射青大豆エタノール抽出物は5％を混餌にて投与した。対照群においてはコナヒョウヒダニエキス抗原刺激を行い，大豆抽出物を含まない基準餌（AIN76）のみを与えた。皮膚炎の症状はスコア化して評価した。**図7-4**に示すように抗原塗布5回目以降対照群では皮膚炎が増悪し，スコアが増加した。これに対し光照射青大豆エタノール抽出物投与群ではスコアが有意に抑制されていた。光照射青大豆熱水抽出物群でも

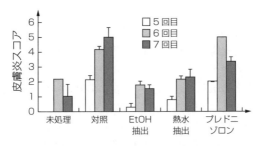

アトピー性皮膚炎モデル試験により青大豆に皮膚炎の症状を緩和する働きがあることが確認された。

図7-4　青大豆のアトピー性皮膚炎抑制効果[11]

スコアは抑制されたが、その程度はエタノール抽出物群に比べ低かった。

〔3〕 **青大豆の抗炎症効果試験考察**　青大豆エタノール抽出物への可視光照射は強い抗炎症効果を誘導することが確認された。光照射が青大豆抽出物中のどのような成分に影響を与えるのか、また活性に関与する成分は何なのかを確認する目的で予備検討を行った。光照射後の活性成分をJurkat細胞のIL-2産生抑制を指標に追跡したが、精製を進めると比活性が低下してしまい、特定成分の単離精製には至らなかった。青大豆エタノール抽出物の光照射前後の成分をLC-MSで比較すると多数の成分が変化していることが確認された。このことから可視光照射は大豆成分の多数を変化させ、それらの総合的な作用により抗炎症活性が発揮されるものと推論される。

人はどうやって最適なパートナーを見つけるのか？

　人は本能で、恋愛を始めるにあたりMHCの違いを考慮しているらしい。MHCとは、主要組織適合抗原のことで、自己と非自己を区別するために必要な受容体のことである。臓器移植のときにこの型が一致しないと拒絶反応（非自己と認識した免疫応答）が起こってしまう。MHCは体臭の違いにもかかわっている。つまり、似たMHC遺伝子群は、似た体臭をつくり出すらしい。進化ではなるべく自分と異なる遺伝子を持ったパートナーを選ぶ傾向にある。似た遺伝子の交配では、不都合な遺伝子形質が子孫に伝わってしまうからである。人種間の遺伝子は99.99%相同でありながら、個々の人は同じ顔をしていない。相同でない個性とも言うべき遺伝子はMHCが代表である。すなわち、異なるMHC遺伝子を持つパートナーを捜すには、自分と異なる体臭を持つ異性を探せばよい。よく鼻をつまみながら娘が父親の下着を洗濯機に入れるシーンがテレビで出てくる。娘が父親の匂いを嫌う理由は、自分と同じ匂い（MHC）を持っているため、本能で同種の匂いを拒否しているらしい。より良い子孫を残すには、そのパートナーが自分と異なる遺伝子であったほうが良い結果になると信じられている。

　匂いとMHCの関係は実験によっても確認されている。男女の被験者に週末の2日間同じTシャツを着続けてもらい、Tシャツの匂いを0〜10点の11段階で「好感度」と「匂いの強さ」を評価する。Tシャツの提供者と被験者のそれぞれからサンプルを取り、MHC遺伝子の類似度を算出し、評価したところ男女とも、MHC遺伝子の類似性と好感度の間に負の相関が確認された。

怒ってばかりいると健康に悪いのか？

　怒りっぽい精神障害の被験者の血清中にはC反応性タンパク質（CRP）という炎症指標と炎症性サイトカインIL-6が高頻度で検出された。比較対象として検査された，怒りを伴わない精神疾患の患者および健康な被験者からはほとんど検出されていないことから，怒りを伴う行動と血中の炎症マーカー出現は明らかに相関があるものと考えられる。しかし，このような炎症マーカーが脳に作用するなどして怒りの行動を引き起こしているのか，あるいは怒りのもととなるストレス要因などが結果として炎症を引き起こしているのかは確認されていない。アスピリンのような抗炎症薬により，怒りっぽい性格が改善されるかは不明である。怒りっぽい人は短命であるとか，怒ってばかりいると健康に悪いとかいったことは昔から言われているが，そうした言葉にも真実性が含まれているのかもしれない。

8

ガン・腫瘍

　近年の死因第一位はガンや腫瘍である。死に直結する疾患としてガンや腫瘍は恐れられているが，その予防という面では機能性食品の対象となる。このような重篤な疾患の場合，食品による効果の実感はほとんど得られない。しかし，疫学的研究や動物実験では効果が実証されているものも少なくない。本章ではそれら食品成分とその効果について解説する。

8-1 ガンとは

　ガン（癌）とは生体内の細胞が異常かつ無制限に増殖する症状を指す。細胞増殖が生命維持に必要な臓器や組織で起こると正常な機能が損なわれ，あるいは停止し，死に至ることもある。ガンは「岩のように硬いはれもの」を意味しており，江戸時代にはすでにガンと呼ばれ，当時は岩とも称していた。ガンは悪性腫瘍とほぼ同義である。

8-2 腫瘍とは

　腫瘍とは一般に体の表面や体の中に非連続的に発生し，かたまりとして触れられたり，色が違っていたりする部分があるなどのものを総称して呼ぶ。腫瘍には，良性のものと悪性のものがあり，また先天的なものと後天的なもの，平らなものや盛り上がってくるものなど，さまざまなタイプがある。組織，細胞が生体内制御を逸脱して，自律的に過剰に増殖することによってできる細胞塊のことを指す。病理学的には，**新生物**（neoplasm）と同義である。

8-2-1 腫瘍の分類

　腫瘍は大きく分けて、細胞動態による分類と組織学的分類に大別される。細胞動態による分類では、良性腫瘍と悪性腫瘍に2分類できる。良性腫瘍は一般に増殖が緩やかで宿主にほとんど悪影響を起こさないものを指す。一方、悪性腫瘍は近傍の組織に進入し、あるいは、血流やリンパ管を経由し、遠隔組織に転移し、宿主の体を破壊しながら宿主が死ぬまで増え続けてゆくものを指す。悪性腫瘍は一般にガンと呼ばれる。

　組織学的分類では上皮性腫瘍と非上皮性腫瘍に分類される。上皮性腫瘍とは名前のとおり上皮に発生した腫瘍である。発生学において受精卵が分割する際に、外胚葉、もしくは内胚葉に由来する細胞群は表面や管の内面を覆うのですべて上皮となる。一方、非上皮性腫瘍は中胚葉由来組織の腫瘍かというと、必ずしもそうではなく、上皮以外の間葉性の組織に発生する腫瘍を指す。ここで胚葉とは多細胞動物の初期受精卵において、卵割により増殖した多数の細胞が、規則的に配列して形成される上皮的構造のことである。

　さらに、上皮性で悪性のものをガン（あるいはガン腫）と呼び、非上皮性（間葉性）で悪性のものを肉腫と呼ぶ。非常性腫瘍のうち、発生母地細胞の名前を冠して、線維肉腫、筋肉腫、血管肉腫、脂肪肉腫、骨肉腫、軟骨肉腫などと呼ばれる。

　〔1〕**良性腫瘍と悪性腫瘍の比較**　良性腫瘍と悪性腫瘍を具体的に比較すると**表8-1**のようになる。最も特徴的な違いは発育速度、転移性、細胞の分化度である。

　〔2〕**ガン腫と肉腫の違い**　ガン腫と肉腫の違いは、先に説明したようにガン腫が上皮性であるのに対し、肉腫は非上皮性である。ガン腫の発育速度に比べ肉腫ではより速く、ガン腫が高齢者で発症しやすいのに対し肉腫では若年者でも発症する。転移行性はガン腫がリンパ行性であるのに対し、肉腫は血行性である。ガン腫の構造は胞巣構造を通常持つが肉腫は混合構造である。

8. ガン・腫瘍

表8-1　良性腫瘍と悪性腫瘍の比較

項　目	良性腫瘍	悪性腫瘍
発育形式	膨張性，連続的	浸潤性，破壊性，不連続
被包（境界）	完全被包（明瞭）	不完全被包（不明瞭）
発育速度	遅　い	速　い
転　移	な　し	あ　り
再　発	少ない	多　い
異型性	軽　度	重　度
細胞の分化度	成　熟	未　熟
壊死，出血	少ない	多　い
全身への影響	軽　度	重　度

8-2-2　腫瘍の代謝

　腫瘍の代謝は正常細胞と比較すると理解しやすい。4章で説明したように，正常細胞では，酸素が十分に供給されているときは，効率が良い酸化的リン酸化でエネルギー生産が行われる。酸素が十分に供給されない嫌気的条件化では，効率が悪い解糖系によって，エネルギーを産生している。これに対し，ガン細胞では，酸素が十分に供給されている環境下でも，エネルギー効率の悪い解糖系が利用される。この現象を**ワールブルク効果**と呼ぶ。ガン組織の多くで解糖系が利用されることから，正常細胞に比べ，グルコース代謝が活発となり，このことを利用して^{18}Fフルオロデオキシグルコースをガン細胞に取り込ませ，同位元素^{18}Fを選択的に検知できるポジトロン断層法（PET）がガン診断に利用されている。ポジトロン断層法とは^{18}Fなどの陽電子反β崩壊する核種で標識された化合物を放射性トレーサーとして用いた，陽電子検出を利用したコンピューター断層撮影技術のことを指す。

8-3　ガン・腫瘍の原因

　ガン・腫瘍の原因はさまざまな要因が挙げられる。ハーバード大学による疫学研究から推定される要因頻度はタバコ30％，食事30％が大半を占め，つい

で遺伝，運動不足，ウイルス・細菌感染，職業，周産期・成育が各5％，さらに生殖，アルコール，社会環境の各3％となっている。

　人間は上記のようなさまざまな外的刺激を受けており，これら刺激が細胞の遺伝子やタンパク質に損傷を与え細胞が変異する。変異した細胞が，本来制御されるべき増殖抑制から逸脱し，増殖を続けてしまうとそれが腫瘍であり，ガンである。健康な人間でもこれら変異細胞は日々発生しているが，遺伝子の修復機構や，変異した細胞を殺滅する免疫機能によって，それら細胞が腫瘍やガンに成長することはつねに抑制されている。一方で，ほかの疾患や加齢により免疫機能が衰えると変異細胞の除去が100％行えず，腫瘍やガンが発症することになる。免疫の網をかいくぐり，増殖を続けられた変異細胞の塊はもはや免疫が活性化されても対応できない状況に至ってしまう。

8-4　ガン・腫瘍の予防

　ガン・腫瘍の予防には前節に示したように，禁煙・適切な食事・適度な運動が重要であることが理解できる。適切な食事が必要といっても具体的に何が重要であるかは一口では説明できない。ガンの発症に免疫機能が重要であることは理解できたと思うが，食事の内容しだいでも免疫の活性化は可能である。8-6節に示すように，免疫賦活に有効な食品の摂取は予防に重要である一方，普通の食事でガンや腫瘍の発症が増加する場合も存在する。肉類などの動物性脂肪を取りすぎると，ガンや腫瘍に罹りやすくなると言われている。大腸がんの場合，動物性脂肪を多量に摂取すると，脂質吸収のために胆汁が通常より多く分泌される。胆汁酸の中には，発ガン性物質もあり，これが大腸内に長期間滞留すると，大腸ガンが発症しやすくなる。塩分の過剰摂取もまたガンや腫瘍の発症を増加させる。**アクリルアミド**や**ニトロソ化合物**などの化学物質も発ガン性があると言われている。アクリルアミドは炭水化物を多く含む食品を高温の油で処理した場合に発生する。ニトロソ化合物であるニトロソジメチルアミンは魚介類に多く含まれるジメチルアミンが，ハム，ソーセージなどの発色

剤，保存料として使用される亜硝酸ナトリウムなどと反応して生成される。しかしながら，これら発ガン性のある化合物も多量に摂取しない限り，ガンや腫瘍の発症率が増加するわけではなく，極端に摂取を控える必要はない。

すなわち，腫瘍やガンを発症させない適切な食事とは，塩分を控え，穀類，野菜，魚類，肉類をバランス良く摂取することである。

ガン・腫瘍の予防に有効と考えられている機能性食品

ガン・腫瘍の予防に有効と考えられている機能性食品はさまざまな種類が公表されている。しかし，悪性腫瘍やガンは致死性の疾患であり，治療方針を誤れば症状を悪化させることから，簡単に臨床試験を計画できない。また予防効果の結果を得るには長期間の試験が必要であり，これもまた試験があまり実施

表8-2 ガン・腫瘍の予防に有効と考えられている機能性食品

食品	活性成分	細胞試験	動物試験	疫学研究
緑茶	カテキン	あり	あり	あり
ブドウ種子	レスベラトロール	あり	あり	あり
柑橘類	βクリプトキサンチン	あり	あり	あり
柑橘類	リモネン	あり	あり	あり
ネギ類	アリシン	あり	なし	なし
ブロッコリー	スルフォラファン	あり	あり	あり
青魚	ω3脂肪酸	あり	あり	あり
ウコン	クルクミン	あり	あり	あり
トマト	リコピン	あり	あり	あり
大豆	イソフラボン	あり	あり	あり
ショウガ	ジンゲロール	あり	あり	あり
キノコ類	βグルカン	あり	あり	あり
はちみつ	プロポリス	あり	あり	なし
ビワの葉	アミグダリン	あり	あり	なし
海藻類	フコイダン	あり	あり	なし
サメ軟骨	不明	あり	あり	なし

されない理由である。このような理由から，各種食品のガンや腫瘍に対するヒトへの有効性を客観的に判断できる有効な試験方法はなく，疫学研究に頼らざるをえないのが現状である。細胞を用いた実験や動物モデル試験から有効と考えられる事例は多数あるものの，疫学研究を含め，確定的な結論は導き出せない。

表8-2にガン・腫瘍の予防に有効と考えられている機能性食品を列挙するが，このような現状をふまえて参考にしてほしい。動物試験での有効性があるほうが，より有効性の尺度は高いと考えられる。

8-6 ガン・腫瘍の予防に有効と考えられている機能性食品の作用メカニズム

ガン・腫瘍の予防に有効と考えられている機能性食品の作用メカニズムとして以下に示すような項目が挙げられる。

- 免疫強化：腫瘍免疫，Th1免疫の賦活，ナチュラルキラー細胞（NK細胞）の活性化
- 抗酸化作用：ガン悪化原因となる活性酸素やフリーラジカルの除去
- 血管新生抑制作用：腫瘍の転移や浸潤の抑制
- 体内有害物質排泄促進作用：ガン・腫瘍の発生原因となる発ガン性物質の除去
- アポトーシス誘導作用：アポトーシスの誘導によりガンの増殖抑制
- 腸内環境の浄化作用：腸の働きを改善し，消化・吸収・排泄のバランスを整え，治癒力を高める。

ここで，Th1細胞とはヘルパーT細胞のうち，IFNγを産生する細胞群のことを指し，ナチュラルキラー細胞とは細胞傷害性リンパ球の1種であり，特に腫瘍細胞の殺傷に重要な細胞である。なお，細胞殺傷において事前感作の必要がないことから，生まれつき（natural）の細胞傷害性細胞（killer cell）という意味で名付けられた。

表8-2で示した各食品の作用メカニズムを**表8-3**に示す。表に示したように作用メカニズムとして多いのは抗酸化，もしくはアポトーシス誘導である。アポトーシスを誘導する機構は成分によりさまざまだが，カスパーゼを活性化するものが多い。

表8-3　各食品の作用メカニズム

食品	活性成分	作用メカニズム
緑茶	カテキン	抗酸化，転移抑制
ブドウ種子	レスベラトロール	抗酸化
柑橘類	βクリプトキサンチン	アポトーシス
柑橘類	リモネン	アポトーシス
ネギ類	アリシン	アポトーシス
ブロッコリー	スルフォラファン	アポトーシス
青魚	ω3脂肪酸	免疫賦活，アポトーシス
ウコン	クルクミン	抗酸化，アポトーシス
トマト	リコピン	アポトーシス
大豆	イソフラボン	抗酸化
ショウガ	ジンゲロール	抗酸化
キノコ類	βグルカン	免疫賦活
はちみつ	プロポリス	抗酸化
ビワの葉	アミダグリン	アポトーシス
海藻類	フコイダン	アポトーシス
サメ軟骨	不明	血管新生抑制
発酵食品	乳酸菌膜成分	免疫賦活

8-6-1　免疫賦活によるガン・腫瘍抑制

免疫賦活によるガン・腫瘍抑制効果を持つ食品成分にはω3脂肪酸，**βグルカン**，乳酸菌膜成分などが挙げられる。医薬品でもこのメカニズムを遡及した薬剤が開発されている。細菌感染が免疫システムを活性化することから，溶連菌からつくったピシバニールが実用化されている。また，結核菌からつくったBCG，丸山ワクチンが開発され，免疫療法剤として用いられている。キノコ類の多糖類にも同様の免疫増強作用が発見され，カワラタケ由来の**クレスチン**，

8-6 ガン・腫瘍の予防に有効と考えられている機能性食品の作用メカニズム　　89

椎キノコ由来のレンチナン，スエヒロタケ由来のソニフィランが免疫療法剤として臨床応用されている。これら医薬品は安全性こそ優れているが，効果についてはあまり強くなく，最近ではあまり処方されていない。医薬品では，予防を前提としていないため，このメカニズムの場合予防を目的とした免疫賦活活性を持つ食品のほうが，有用性があるのかもしれない。そこで次項に免疫賦活について詳細に説明する。

8-6-2　免疫賦活による変異細胞の除去システム

　ガンや腫瘍に関係する免疫系はおもにTh1細胞を主体とする細胞性免疫である。7章で述べたようにTh1細胞はマクロファージや樹状細胞が産生するIL-12の作用で分化活性化しIFNγを産生誘導する。IL-12はNK細胞やNKT細胞にも作用し，これら細胞を活性化しIFNγを産生する。NKT細胞はパーフォリンを分泌しガン細胞・悪性腫瘍を直接破壊する。一方IFNγはNK細胞CD8陽性T細胞を活性化する。CD8陽性T細胞とは，リンパ球T細胞のうちの一種で，活性化すると細胞傷害性T細胞に分化し，異物になる細胞（移植細胞，ガン細胞など）を認識して破壊する。活性化された両細胞はそれぞれ自然免疫系，獲得免疫系によりガン細胞を殺傷する（**図8-1**）。

8-6-3　免疫賦活を遡及した機能性食品

　免疫賦活を遡及した機能性食品はキノコ類が多い。オリザロース含有発酵古代米「スーパーオリマックス」，**アガリクス**高濃度複合菌糸体抽出エキス「姫マツタケ」，超臨界抽出プロポリス「セッカプロリス」，水可溶性プロポリス液「ビオポリス-W」，ビワの種，ビワの葉茶などが商品化されている。前述したようにこれら商品も，臨床試験が行われているわけではなく，細胞を用いた実験や動物モデル試験から有効と考えられるものの，有効性について確定的な結論は導き出せない。

〔1〕　**姫マツタケの抗腫瘍効果**　　姫マツタケ（**図8-2**）の抗腫瘍効果について簡単に紹介することとする。姫マツタケは，別名アガリクス（アガリク

90　8. ガン・腫瘍

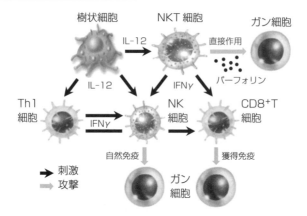

ガンを検知した樹状細胞はサイトカインIL-12を分泌し，Th1細胞，NK細胞，NKT細胞を刺激し増殖活性化する。これら細胞はガン細胞に対し攻撃を行い，ガン細胞を排除する。

図8-1　免疫賦活による変異細胞の除去システム

図8-2　姫マツタケ

スブラゼイムリル）と呼ばれるハラタケ科，ハラタケ属に属する担子菌類である。姫マツタケが属するハラタケは，ブラジルのピエダーテ地方特産のキノコで，その成分に抗腫瘍効果があるとされ，注目されるようになった。姫マツタケの有効成分はβ-グルカンを代表とする各種の多糖類でほかのキノコに比べ，その含有量が多いことを特徴とする。

　姫マツタケ中の多糖はαグルカン，βグルカン，βガラクトグルカン，βグルカン・タンパク複合体などで，これらそれぞれに免疫賦活活性がある。**表**

8-4に各多糖と抗腫瘍効果について示す。いずれの多糖にも抗腫瘍効果が認められるが特にβガラクトグルカン，βグルカン・タンパク複合体に強い効果が認められる[10]。

表8-4 ザルコーマ180固型ガン摂取マウスにおける抗腫瘍効果

姫マツタケ子実体多糖	腫瘍抑制率〔%〕	死亡率〔匹/匹〕	投与（注射）〔mg/kg×日〕
β-グルカン	71	4/6	10×10
α-グルカン	93	0/8	10×10
β-ガラクトグルカン	97	0/8	10×10
核酸（RNA）	95	0/8	10×10
β-グルカン・タンパク複合体	99	0/10	10×10
キシログルカン	80	3/10	10×10

注）グルカン：D-グルコースがグリコシド結合で多数連結したポリマー

これら多糖が免疫を賦活する効果は，マクロファージや樹状細胞に対する自然免疫系の活性化である。これら細胞は体外から侵入した細菌や真菌などの異物を認識し，すみやかにこれら異物を排除する働きがある。これら細胞は細胞内に**c-Typeレクチン**というタンパクを持っており，これが異物の多糖を認識し，外来物であると判断している。このレクチンが多糖の糖鎖を認識すると，自然免疫系が活性化されIL-12などのサイトカインが分泌され，その結果NK細胞，NKT細胞などの細胞がガンや腫瘍細胞を攻撃する。

〔2〕 **金時草と乳酸菌による免疫賦活効果** 金時草と乳酸菌による免疫賦活効果について説明する。金時草は加賀の伝統野菜の一つで，モロヘイヤなどと同様に粘り気のある葉を食用にする。筆者らは石川県農林総合研究センター，石川県立大学との共同研究においてこの金時草多糖に乳酸菌との併用において，強い免疫賦活効果があることを見出した。この組合せに抗腫瘍効果があるかは確認していないがIL-12の産生誘導活性について紹介する。

乳酸菌は食用に用いられるグラム陽性細菌であるが，食用に用いられることから各種の機能が確認されている。食用に用いられるとはいえ，細菌であることから体内では異物と認識され免疫応答がある。乳酸菌は乳酸を産生する細菌

の総称でさまざまな属種が知られている。そこでまずは食品から単離された各種乳酸菌死菌をヒト単球様細胞THP-1細胞培養液に添加し，IL-12の産生誘導を指標にスクリーニングを実施した。その結果，大根寿司より単離去れた，*Pediococcus pentosaceus* にほかの乳酸菌に比べ強いIL-12産生誘導能があることが判明した。金時草多糖をTHP-1細胞培養液に添加した場合，単独ではあまり強いIL-12誘導を示さなかったが，乳酸菌 *P. pentosaceus* と組み合わせた場合，相乗的にIL-12を産生誘導することが確認された。**図 8-3** に示すように，乳酸菌は濃度依存的にIL-12を産生誘導するが，金時草を添加した場合は乳酸菌の濃度依存性カーブの傾きが上昇する。これは金時草多糖が乳酸菌に対し相乗効果を示したことになる。

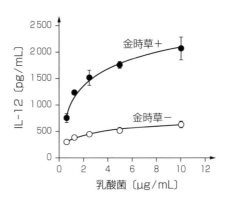

乳酸菌単独の場合IL-12を多量には分泌させないが，金時草多糖が共存すると相乗的にIL-12分泌量が増加する。

図 8-3 金時草の乳酸菌に対するIL-12産生相乗効果

ガンが体に悪いのはなぜか？

以下の中に正解がある。

　A1：ガン自体が宿主に悪影響を及ぼす成分を出すから。
　A2：ガン細胞が栄養分を消費してしまうから。
　A3：過剰免疫により自己を攻撃してしまうため。

　正解はA3である。ガンのステージによりA2も関連している。TNFαノックアウトマウスでは腫瘍を移植しても長期にわたり個体は死亡しない。ガン研究が始まったころ悪疫質と呼ばれる物質がガンに罹患すると産生され，これが個体を死に誘導すると考えられていた。のちに悪疫質の本体はTNF（腫瘍壊死因子）αなどの炎症性サイトカインであることが判明し，本来ガンや腫瘍を排除する目的で分泌されたTNFαが過度に分泌され続けるため個体の死を誘発するのではないかと思われている。ガンが初期で小さい場合，TNFαはその名前のとおり腫瘍を壊死させるが，TNFαの攻撃をかいくぐったガンはTNFα耐性を獲得し増殖し続ける。TNFαが効かないのに，TNFαの分泌は止まらず，過剰なTNFαはやがて個体の死を誘発させてしまう。

9 循環器

 循環器疾患には心臓に関連した疾患が多いが，機能性食品の対象となる疾患は高血圧と虚血性心疾患，不整脈である．本章ではこれら疾患とこれら疾患に有効な食品について解説する．

9-1 循環器とは

 循環器とは，血液やリンパ液などの体液を体内で輸送，循環させる働きを行う器官のことである．この器官の総称を循環器系と呼び，そのほとんどが管状であることから脈管系とも呼ばれる．ポンプの役割をする心臓，血液を循環させる血管系，リンパ液を循環させるリンパ系の3種類がある．全身の組織では酸素や栄養素を要求するので，循環器系を用いて全身へ酸素や栄養素を絶えず輸送している．同時に老廃物を体内の各部から集め，肝臓，腎臓を経由し尿として体外へ排出する役割もある．血管やリンパ管も疾患に関与するが，循環器疾患の多くは心臓で起こる病変が主体である．

9-2 循環器疾患

 循環器疾患とは高血圧，虚血性心疾患，不整脈，心筋症，心臓弁膜症，先天性心疾患などが挙げられる．
 心筋症，心臓弁膜症，先天性心疾患は機能性食品の対象とはならないため，本書では高血圧，虚血性心疾患，不整脈のみを解説することとする．なお，虚

血性心疾患には，狭心症，心筋梗塞の2種類がある。

9-2-1 高血圧

高血圧とは血圧が基準値を超えて血管壁に異常な圧力が加わった状態を指す。血圧とは，心臓から送られる血液が血管に加える圧力のことである。

高血圧になり，血液のパイプ役である動脈に強い圧力が加わり続けると，血管壁が傷つき，その結果血管壁は硬くなり，動脈硬化が起こる。脳や心臓，腎臓の合併症を予防するためにも早めの対策が必要である。自覚症状がなくとも大きなリスクをはらんでいるので，高血圧は，薬の服用に加え，生活習慣の見直しを行う必要がある。後天的な高血圧の場合は適度な運動や減塩などの日々の取組みで正常な血圧に近付けることが可能である。

〔1〕 **高血圧の原因** 高血圧の原因は90％以上が不明であると言われている。高血圧は，原因により一次性高血圧と二次性高血圧に分類される。一次性高血圧は，本態性高血圧とも呼ばれ，特に明らかな異常がないのに血圧が高くなる。ただし，血圧を上げる要因は明らかにされており，食塩の過剰摂取，加齢による血管の老化，ストレス，過労，運動不足，肥満，そして遺伝的要因などが挙げられている。

一方，二次性高血圧は，腎臓病やホルモン異常など，原因となるほかの疾患により誘導された高血圧症を指す。こちらは，原因となる疾患の治癒により，高血圧も改善する。一次性高血圧の場合，原因を除去しても必ずしも症状が改善できるとは限らない。複合的要因が関与するのか，あるいは不可逆的な要素であるのか不明であり，このようなことも原因の特定を困難にしている。

〔2〕 **高血圧症における推奨生活習慣** 高血圧症患者に推奨される生活習慣は1日6g未満の減塩食，野菜，果物，青魚の積極的摂取，飽和脂肪酸の摂取抑制，BMI＝25未満への減量，適度な有酸素運動，節酒，禁煙である。第一の推奨項目は減塩であるが，減塩で効果を示さない患者も多い。減塩が効果的ではない患者にはその他の項目を推奨し，これら生活習慣修正に効果が得られない場合には降圧剤が処方される。

〔3〕 **血圧の調整** 血圧の調整はさまざまな仕組みにより行われている。おもに腎臓が主体となって制御されるが，その仕組みではペプチド性のホルモンが関与する。図 9-1 に長期的な血圧制御の仕組みを示す。**心房性ナトリウム利尿ペプチド**は心臓の心房で合成分泌され，腎臓に働き，水とナトリウムイオンの排泄を促進する。これは循環する血漿量が減少することになり，血圧が下がる。心房性ナトリウム利尿ペプチドは同時に抹消血管にも作用し，血管を直接拡張せしめ，血圧を下げる方向に作用する。

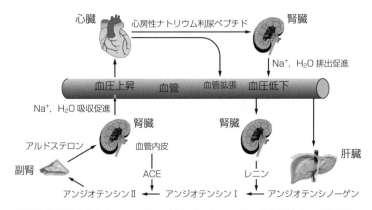

腎臓から分泌されたレニンはアンジオテンシノーゲンを切断しアンジオテンシンⅠを生成する。アンジオテンシンⅠは血管内皮の ACE によりアンジオテンシンⅡが生成され，これが血圧を上昇させる。血圧上昇を感知した心臓からホルモンが分泌され血管が拡張し血圧が下がる。

図 9-1 長期的な血圧制御の仕組み

血圧が低下すると腎臓の傍糸球体装置が血圧低下を感知し，アンジオテンシノーゲンを切断し血圧上昇を促すホルモンであるアンジオテンシンⅠに変換する酵素レニンが分泌され，肝臓で生成されたアンジオテンシノーゲンがレニンの作用で**アンジオテンシン**Ⅰに分解される。全身の血管内皮に運ばれたアンジオテンシンⅠはアンジオテンシンⅡに変換され血管を収縮させ，血圧を上昇させる。アンジオテンシンⅡは副腎皮質にも作用し，副腎皮質から分泌されるステロイドホルモンであるアルドステロンを分泌させ，腎臓に作用し水とナトリウムイオンの再吸収を促進する。これは循環する血漿量が増加することにな

り，血圧を上げる方向に作用する。

9-2-2 虚血性心疾患

〔1〕**狭 心 症**　虚血性心疾患は心臓の冠動脈の動脈硬化によって起こる疾患を総称してこのように呼ぶ。動脈硬化は全身の動脈で起こりうるが，特に重篤な症状を呈する動脈が，心臓の筋肉に酸素と栄養を送りこむ冠動脈である。狭心症は動脈硬化により血管が細くなり，その結果心臓の筋肉が酸素不足になっている状態を指す。激しい運動や階段の上り下りのときに酸素不足が助長され，胸の中央から左側に締めつけるような痛みの発作が出る。ニトログリセリンなどの薬物療法に加えて，カテーテルを使用して血管を拡張する内科的治療，バイパスによる外科的治療が行われる。なお，カテーテルとは，医療用に用いられる中空の柔らかい管のことで冠状動脈血管に挿入し，閉塞部位を風船で膨らませ拡張する。

〔2〕**心筋梗塞**　心筋梗塞は心臓の冠動脈に動脈硬化が進み，なんらかの要因（タバコ，高血圧など）により血管に溜まった脂質成分が破裂すると，血液の固まり（血栓）が急速に形成され，そこから先への血液の供給が遮断されることにより発症する。酸素が送られてこなくなった心筋の一部は壊死してしまうおそれがあるため，一刻を争う治療が必要である。狭心症との違いは痛みが通常30分以上続くことである。胸痛発作が始まってから6時間以内に治療を行えば，大部分の心臓の筋肉を救うことができる。血栓溶解剤注射により血栓を溶解し，カテーテル治療により閉塞部位をすみやかに開放することが現在一般的治療法である。カテーテル治療とは，血栓を吸引し，あるいは冠動脈ステント（金属の管）や風船（バルーン）を使って血管を拡張・保持し，血流を再開させることである。

9-2-3 不　整　脈

不整脈とは，通常は規則正しいリズムを刻む心臓の収縮が速くなったり遅くなったりする症状の疾患を指す。治療の必要ない症状のものから突然死に至る

ものまでさまざまな種類があり，素人判断は禁物である。心電図，心エコー検査など，循環器専門医による詳細な検査が必要である。不整脈の原因は心臓のリズムを司る洞結節の電気刺激発生が変化することに起因する。本来この電気刺激は一定のリズムで発生するが，そのリズムが遅くなったり，あるいは速くなったりする結果，心筋の収縮が変化してしまう。洞結節以外の場所から電気刺激が発生してしまうケースもある。電気刺激発生は通常であるが，伝達の状態が異常になっている場合もある。

9-3 高血圧に有効な食品の作用メカニズム

高血圧に有効な食品の作用メカニズムを以下に列挙する。
- アンジオテンシン変換酵素阻害：アンジオテンシンⅡの産生を抑制することで血管平滑筋収縮を抑制する。
- **ノルアドレナリン**分泌抑制（副交感神経系）：結果としてアセチルコリン分泌を促し，血管平滑筋を弛緩させる。
- ムスカリン受容体を介した副交感神経刺激：同上
- 血管内皮由来弛緩因子一酸化窒素増強：**一酸化窒素**（NO）を産生するiNOSの産生を誘導することで，血管平滑筋を弛緩させる。

ここで，ノルアドレナリンとは，副腎髄質や交感神経末端から放出されるホルモンを指し，**アドレナリン**の前駆体で，神経伝達物質として働き，末梢血管を収縮させ，血圧を上昇させる。ムスカリン受容体とは，アセチルコリン受容体の一種で，ムスカリンと呼ぶ化合物がアゴニストとして働くことからこの名前がついた。アゴニストとは，本来受容体と結合して動作させる体内成分をリガンドと呼ぶが，このリガンドと同様または似た働きをする化合物。反意語はアンタゴニストである。

9-4 高血圧に有効な機能性食品

　高血圧に有効とされている機能性食品はさまざまな種類が販売されている。特に多いのはアンジオテンシン変換酵素阻害活性を持つペプチドであり，食品中のタンパク質を加水分解したものである。これらの商品には特保として承認されている商品もあり，承認の過程で臨床試験を実施し効果が確認されていることから，ある程度の有効性が期待できる。ただし機能性食品はあくまで予防的利用であり，高血圧症と診断されている人が医薬品の代替として利用すべきではない。**表9-1**にアンジオテンシン変換酵素阻害活性を持つ商品一覧を示す。

　アンジオテンシン変換酵素阻害活性以外のメカニズムで高血圧に有効な機能性食品も開発されている。**表9-2**に開発商品一覧を示す。

表9-1 アンジオテンシン変換酵素阻害活性を持つ商品一覧

関与成分	量	商品名
サーデンペプチド（Val-Tyr）	0.400 mg	サトウマリンスーパーP
サーデンペプチド	0.4 mg	マリンペプチド
サーデンペプチド	0.4 mg	ナチュラルケア　タブレット
サーデンペプチド	0.400 mg	エスピーマリン　ONE
わかめペプチド 　Phe-Ala-Tyr 　Val-Tyr 　Ile-Tyr	250 µg 250 µg 50 µg	わかめペプチドゼリー
海苔オリゴペプチド (Ala-Lys-Tyr-Ser-Tyr)	0.6 mg	毎日海菜　海苔ペプチド
かつお節オリゴペプチド (Leu-Lys-Pro-Asn-Pro)	5 mg	ペプチドエースつぶタイプ
ラクトトリペプチド (Val-Pro-Pro, Ile-Pro-Pro)	3.4 mg	カルピス酸乳アミールS
ローヤルゼリーペプチド (Val-Tyr, Ile-Tyr, Ile-Val-Tyr)	0.84 mg (Ile-Tyrとして)	スティバランスRJ
ゴマペプチド（Leu-Val-Tyr）	0.16 mg	胡麻麦茶

表9-2 アンジオテンシン変換酵素阻害活性以外のメカニズムで高血圧に有効な機能性食品

食品	活性成分	作用メカニズム
チョコレート，ミカン，トマトなど	γ-アミノ酪酸	レニン活性低下に伴うノルアドレナリン分泌抑制（副交感神経系）
杜仲茶	ゲニポシド酸	ムスカリン受容体を介した副交感神経の刺激による血管拡張作用
サルナシ	ハイペロサイドイソクエルシトリン	血管内皮由来弛緩因子一酸化窒素を介した血管平滑筋弛緩作用
ゴボウ，コーヒーなど	クロロゲン酸類	

9-4-1 γ-アミノ酪酸の降圧効果

外部からの刺激（気温・音など）やストレスにより交感神経が興奮するとアドレナリン，ノルアドレナリンが分泌され，その結果，血管が収縮し，血圧が上昇する。**γ-アミノ酪酸**（GABA）はこのノルアドレナリンの分泌を抑制する働きがあり，血圧を下げると考えられている。本来自律神経の制御は交感神経を興奮させるグルタミン酸，副交感神経を興奮させるGABAとの量的バランスにより制御されている。このようにGABAは食品成分でありながらホルモン様の働きをしている。

9-4-2 ゲニポシド酸の降圧効果

ゲニポシド酸の降圧効果はムスカリン受容体を介した副交感神経の刺激による血管拡張作用による。ゲニポシド酸は中国原産の落葉高木であるトチュウ（杜仲）に含まれるイリドイドの一種である（図9-2）。自律神経系において副交感神経が興奮するとアセチルコリンが分泌される。アセチルコリン受容体であるムスカリン受容体はアセチルコリンと結合すると末梢血管が拡張し，血

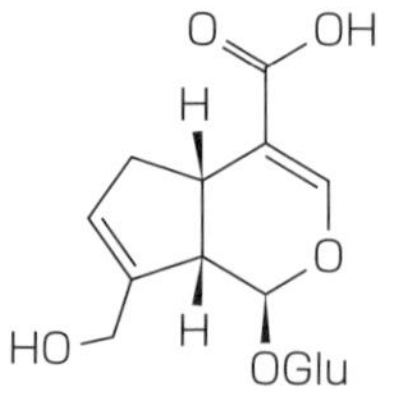

図9-2 ゲニポシド酸の構造

圧を低下させる。ゲニポシド酸はこのムスカリン受容体のアゴニストとして働き，ムスカリン受容体を直接刺激することにより末梢血管を拡張させると考えられている。

9-5 虚血性心疾患に有効な機能性食品

　虚血性心疾患に有効な機能性食品も数多くの種類がある。虚血性心疾患はその原因をつきつめると，すべて動脈硬化が関与する。医薬品の場合とは異なり，食品の場合では動脈硬化の予防が基本になる。6章で述べたように動脈硬化は食生活などの生活環境によりもたらされた泡沫化を経由したアテローム形成にある。すなわち，虚血性心疾患の予防はこの泡沫化とアテローム形成の阻害に求められる。表9-3に虚血性心疾患に有効な機能性食品を列挙する。

表9-3　虚血性心疾患に有効な機能性食品

成分分類	食品	活性成分
カテキン	緑茶	EGCG
	リンゴ	プロシアニジン
フラボノイド	韃靼そば	ルチン
タンパク	大豆	βコングリシニン
イソフラボン	大豆	ダイゼイン，ゲニステイン
クルクミノイド	ウコン	クルクミン
ω3脂肪酸	青魚	DHA，EPA
イソチオシアネート	ブロッコリー	スルフォラファン
テルペン	トマト，ニンジン	リコピン
	温州ミカン	βクリプトキサンチン

9-6 不整脈に有効な機能性食品の作用メカニズム

　不整脈に有効な機能性食品の作用メカニズムとしては，自律神経の安定化，ミネラルバランスの調整，血液循環の円滑化などが挙げられる。自律神経の安定化は交感神経と副交感神経のバランスを調整することと同義であり，体内で

はグルタミン酸と GABA で調整されている。すなわち，不整脈の改善における自律神経安定化は摂取するグルタミン酸，GABA，グルタミン酸合成に関与するビタミン B 群が複合的に関与する。食生活の乱れや，老化により甲状腺機能が損なわれると不整脈が発祥する。ヨウ素などのミネラルバランスは甲状腺機能を維持する上で重要である。虚血性心疾患の症状においても不整脈は発生する。心臓の冠状動脈で血液循環に支障が起こると不整脈が発生する。すなわち，血液循環の円滑化による不整脈の予防は虚血性心疾患の予防と同じである。

9-7 不整脈に有効な機能性食品

不整脈に有効な機能性食品も多数存在する。しかしながらそれら食品が必ずしも科学的に効果が立証されているわけではなく，なかには伝承のみのものも含まれる。9-6 節に述べた不整脈に有効な食品の作用メカニズムに対応した食品を**表 9-4** に列挙する。なお，血液循環の円滑化の項に挙げた食品は虚血性心疾患に有効な食品で列挙した以外の食品を示した。

表 9-4　不整脈に有効な機能性食品

作用メカニズム	食　品
自律神経安定作用	チョコレート，ミカン，ナツメ，サルナシ，麻の実，ゴマ，ユリ根，発芽玄米など
ミネラルバランス調整	ヤマイモ，黒ゴマ，ヒジキ，ワカメ，コンブ，アラメ，モズク，のり，青のり，アオサ，ふのりなど
血液循環の円滑化	ニラ，ネギ，タマネギ，ワケギ，ラッキョウ，ニンニク，ヒマワリ種子など

ここで，不整脈に有効な食品由来の医薬品であるキニジンについて触れておく。キニジンはボリビア，ペルー，エクアドルにわたるアンデス山中に自生する，常緑の低木であるキナに含まれるアルカロイドである。古くからインカ人はその樹皮をキナ・キナと称して熱病に対して薬用に，あるいは食用としても用いていた。キニジンはナトリウムイオンチャネルを抑制することにより，心

拍刺激における活動電位の最大立ち上がり速度を低下させ，伝導速度を遅らせる作用を持つ。また，カリウムイオンチャネル抑制作用，カルシウムイオンチャネル遮断作用も持つことから不整脈に有効であり医薬品化されている。**図9-3**にキニジンの構造を示す。

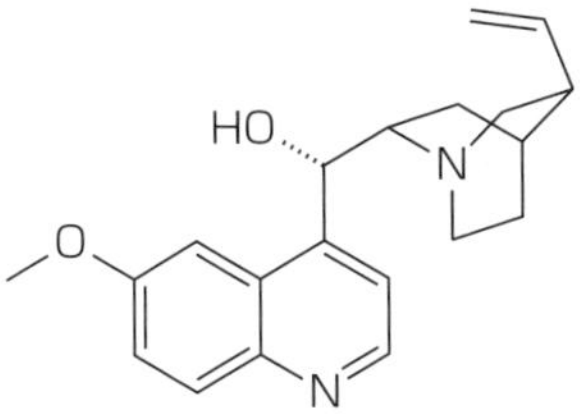

図9-3　キニジンの構造

なぜ食塩を取りすぎると血圧が上がるのか？

その答えは，まず，血液中の塩化ナトリウムが増えると浸透圧が上昇し，血液が濃くなる。それを正常な浸透圧まで薄める働きが起こり，血管外から水が血液中に浸透してくる。その結果血液の量が増える。血管内体積は変わらないのに血液量が増加するわけであるから血圧が上がることになる。

高血圧の治療に利尿薬を使う場合があるが，尿を排出することで水と塩化ナトリウムを積極的に体外へ出し，増加した血液量を減らそうというねらいである。

10 脳・神経

　脳・神経は体のすべての器官を制御・維持するために必要不可欠なシステムである。運動はもとより感情・情緒・理性など人の精神活動においても重要な役割を果たしている。老化により脳・神経機能は衰え，認知症などの疾患が発症する。本章では食品が影響する脳・神経が関連した疾患と，機能性食品の関与について解説する。

10-1 神経系とは

　神経系とは神経細胞（ニューロン）が連続し形成される神経を通して，外部情報の伝達と処理を行う動物の器官の総称である。神経系のうち，脳神経とは脊椎動物の神経系の器官であり，直接脳から伸びている末梢神経の総称を指す。これに対し，脊髄から伸びている末梢神経のことを脊髄神経と呼ぶ。ヒトなどの哺乳類の脳神経は左右12対存在し，それぞれに三叉神経，迷走神経などの固有の名称がつけられている。

10-2 脳・神経疾患

　脳・神経疾患には機能性疾患である，**認知症**，**パーキンソン病**（本書では認知症に含める），**うつ病**，てんかんなどがある。一方脳血管障害疾患として脳梗塞，頸部頸動脈狭窄症，くも膜下出血，もやもや病などが挙げられる。なお，脳梗塞はその成因が虚血性心疾患と同じ動脈硬化にあるため，本章では対象から除外することとする。

10-2-1 アルツハイマー型認知症

アルツハイマー型認知症は認知症の中で一番多いとされており，男性よりも女性に多く発症する。また脳血管障害性認知症の患者数があまり変化していないのに対して，増加傾向がある。発症年齢による分類で65歳を境に早発型と晩期発症型（65歳以降）とに大別される。早発型のうち18〜39歳のものを若年期認知症，40〜64歳のものを初老期認知症と言う。早発型アルツハイマー型認知症は常染色体優性遺伝を示す家族性アルツハイマー型認知症である。

アルツハイマー型認知症は，脳に**アミロイドβ**や**タウ**と呼ばれる異常タンパク質が形成され，神経細胞が破壊され減少してしまうために，神経伝達ができなくなると考えられている。また神経細胞が壊死してしまうことにより，脳自体委縮してしまい，身体機能の維持にも障害をきたす。

症状が出る以前より，異常タンパク質の形成などの脳の異変は起きており，それらの異変がかなり進行した時点で症状が具現化してくる。アルツハイマー型では直近の出来事を忘れてしまうという症状が見られるが，これは記憶を司る，海馬と呼ばれる部分に病変が起こるために，記憶の機能が失われる。実際は記憶障害が発生する数年前より，脳の異変は起きているとされている。

〔1〕 **発症の危険因子**　アルツハイマー症発症の危険因子としては年齢，家族歴，ApoEe4などの遺伝子型（罹患リスク：5.5倍），高血圧，糖尿病（罹患リスク：1.3〜1.8倍），喫煙，高脂血症，クラミジア肺炎球菌への感染などが挙げられる。喫煙はむしろ発症を抑制するとの疫学研究もあるが，最近の研究では危険因子として捉える場合が多い。

〔2〕 **発症を抑制する生活習慣**　アルツハイマー症の発症を抑制する生活習慣のうち食習慣として，青魚（EPA，DHAなどの脂肪酸）の摂取，野菜果物（ビタミンE，ビタミンC，βカロテンなど）の摂取，赤ワイン（ポリフェノール）の摂取などが挙げられる。1日に1回以上魚を食べている人に比べ，ほとんど魚を食べない人は本症の危険が約5倍である。運動習慣では有酸素運動により高血圧やコレステロールのレベルを下げることで，脳血流量も増

加させ発症の危険を減少せしめると言われている。有酸素運動としては普通の歩行速度を超える運動強度で，週3回以上運動している者は，まったく運動しない者と比べて，発症の危険が半分に減少する。知的生活習慣も効果があると言われている。テレビ・ラジオの視聴，トランプ・チェスなどのゲームをする，文章をよく読む，楽器の演奏，ダンスなどをよく行う人は，発症が減少すると言われている。

〔3〕 **病理学的特徴**　アルツハイマー症の病理学的特徴はマクロな病変として，大脳萎縮が見られ，神経細胞の変性消失を最大の特徴とする。老人斑と呼ばれる大脳組織の病変が多発観察される。この老人斑はアミロイドβタンパク（Aβ）の凝集蓄積と神経原線維変化を特徴とする。神経原線維変化は微小管結合タンパクであるタウタンパク質の凝集線維化である。老人斑がアルツハイマー症の原因かどうかは確定していないが，ほかの認知症では認められない特徴の一つである。

〔4〕 **発症メカニズム**　アルツハイマー症の発症メカニズムは不明な点も多く残されている。発症に関与する細胞として，神経細胞，**アストロサイト**，炎症性**ミクログリア細胞**，貪食性のミクログリア細胞，Th17（ヘルパーT細胞サブセット17）などが関与する。

図10-1に発症のメカニズムを示す。正常な脳内ではアミロイドβ前駆タンパク質は可溶な状態で存在するが，老化やApoEなどの外的な危険因子刺激により膜脂質組成の変化が起こり，さらにガングリオシド，亜鉛・鉄・銅などのイオンが作用し脳内の酵素βおよびγセクレターゼが活性化することで前駆タンパクの切断が起こり，Aβが形成される。このAβは不溶であり，Aβ不溶化が進行し，凝集塊が形成されると，それが老人斑となる。老人斑は脳内では不要な成分と見なされ，アストロサイトやミクログリアが活性化され貪食応答が起こりその結果炎症性サイトカインが分泌される。同時に酸化ストレス，グルタミン酸の興奮毒性とあいまってタウタンパク質の神経原線維変化をもたらし神経細胞壊死に至る。これらの家庭では神経細胞膜におけるカルシウムチャネル形成や，シナプス障害も関与する。

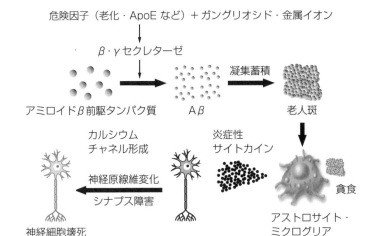

アルツハイマー症発症は危険因子のセクレターゼへの影響で
アミロイドβ前駆タンパク質のアミロイドβ化に起因する。

図 10-1　アルツハイマー症発症メカニズム

〔5〕 **治療標的**　アルツハイマー症の治療標的は以下のような項目が挙げられる。

・アミロイドができる過程に対するアミロイド標的
・タウタンパク質の線維化過程に対するタウ標的
・神経細胞に対する神経伝達標的
・脳内の炎症や酸化ストレスを標的とする抗炎症
・アミロイド前駆体切断酵素β，γセクレターゼ阻害
・タウタンパク質のリン酸化阻害

10-2-2　パーキンソン病

　パーキンソン病は脳内のドーパミン不足とアセチルコリンの増加により発症する認知症の一つで，50歳以降に発症することが多い。脳幹に属する中脳の黒質と，大脳の大脳基底核にある線条体に異常が起こっていることが明らかにされている。黒質もしくは大脳基底核線条体に異常が起こり，正常な神経細胞を減少させるため，**ドーパミン**の量が低下し，黒質から線条体に向かう情報伝

達経路が正常に作動しなくなる状態であることが判明している。このため，姿勢維持や運動速度調節が制御できず，パーキンソン病特有の症状が現れると考えられている。特徴的な症状として，手足が震える，筋肉がこわばる，動作が遅くなる，歩きにくくなるなどが挙げられる。発症直後の症状は軽微であるが，徐々に症状が進行し，10数年後には寝たきりになるケースもある。有病率は，人口10万人に対し100人程度である。

10-2-3 うつ病

うつ病とは気分障害の一種であり，抑うつ気分，意欲・興味・精神活動の低下，焦燥，食欲低下，不眠，持続する悲しみ・不安などを特徴とした精神障害である。うつ病をその成因で分類すると内因が関与する内因性うつ病と神経症性の心因性うつ病に分けられる。内因性うつ病はセロトニンやノルアドレナリンなどの脳内の神経伝達物質の分泌や応答性低下することで発症し，抗うつ薬が有効な場合が多い。心因性うつ病は心因が強く関与しており，原因となった葛藤の解決や，葛藤状況から離れることなどの原因に対する対応が必要である。

10-2-4 神経伝達物質の働き

神経伝達物質の働きはパーキンソン病やうつ病を考える上で重要である。これら疾患に関与する神経伝達物質としてノルアドレナリン，ドーパミン，セロトニンが挙げられる。ノルアドレナリンは脳内からその量が不足すると無気力となり意欲が失われる。ドーパミンが不足すると何事に対しても無関心となり，性機能，運動機能も低下する。セロトニンが不足すると感情のブレーキが効かなくなり，平常心が保てなくなる。

一方これら疾患とは直接関与しない神経伝達物質として**βエンドルフィン**，γアミノ絡酸がある。βエンドルフィンはモルヒネと同じような働きをする物質で，「脳内麻薬様物質」と呼ばれている。作用として，この物質が脳内で増加すると「ほっとする」，「落ち着く」などの沈静効果をもたらす。γアミノ絡

酸はがまん，切替え，抑制など自制心の維持に働く作用を有する。

10-2-5　セロトニン不足の原因

　セロトニン不足の原因は体内での合成原料であるトリプトファンの供給低下が考えられる。セロトニンは必須アミノ酸であるトリプトファンから生合成される。**図10-2**に示すようにトリプトファンを原料とする生体物質はセロトニン以外にニコチンアミドもあり，生体の維持に重要である。ニコチンアミドなどの成分を合成する経路の第一段目の酵素は2,3インドールアミンジオキシゲナーゼ1（IDO1）と呼ばれる酵素であり，これはインターフェロンなどにより誘導される。インターフェロンを肝炎治療などの目的で投与すると，このIDO1が誘導され，トリプトファンはニコチンアミド合成の方向に向かってしまい，セロトニンや**メラトニン**を合成する経路の原料であるトリプトファンの供給が低下してしまう。その結果セロトニン不足が生じてしまう。インターフェロン投与の副作用としてうつ病が挙げられるが，これはこのようなメカニズムで副作用として現れると考えられている。

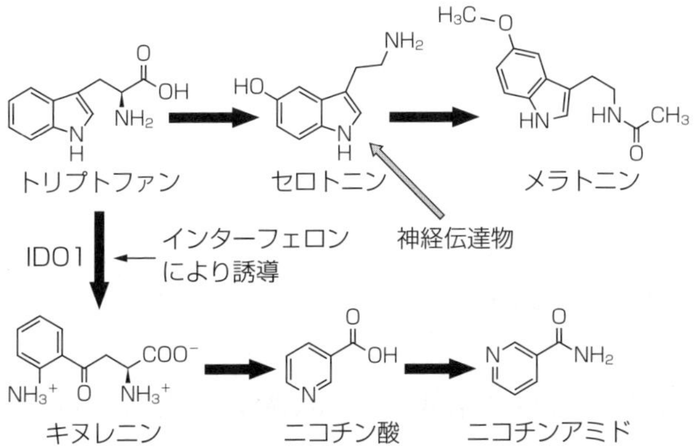

トリプトファンは電子伝達系で重要なニコチンアミド合成の出発原料になる一方，セロトニンやメラトニン合成の出発原料にもなる。

図10-2　トリプトファンの代謝経路

10-3 アルツハイマー症に効果を示す機能性食品

アルツハイマー症に効果を示す食品としていくつかの種類が考えられている。**表10-1**にアルツハイマー症に効果を示す各種機能性食品を示す。

表10-1 アルツハイマー症に効果を示す機能性食品

食品	関与成分	作用メカニズム
茶	カテキン・テアニン	不明
青大豆	不明	Aβ産生抑制
青魚	ω3脂肪酸	脳の海馬でリン脂質として細胞膜形成に寄与
肉類	コエンザイムQ10	脳機能低下抑制
甲殻類	アスタキサンチン	脳神経の脱落・変性抑制

ω3脂肪酸であるDHAは動脈硬化や血栓形成を予防し，血圧を下げる働きがあることから，脳機能自体の改善にも寄与している。また，脳内にDHAを供給すると，壊死した神経細胞周囲に残余した生存細胞を増殖させる働きもある。アルツハイマー症は欧米人に多く，DHAとの関連が早期より推測されていた。アルツハイマー病で死亡した人の海馬周囲リン脂質中DHA含有量は7.9%であったのに対し，アルツハイマー病以外で死亡したヒトでは16.9%であった。このことから，DHAは発症抑制に関与している可能性が示唆されている。

〈青大豆の脳機能改善効果〉

なお，青大豆の脳機能改善効果は著者らにより確認された[12]。以下にその内容について解説する。

青大豆または黄大豆の熱水抽出物を3%の濃度で添加した固形飼料（CE-2）を老化促進モデルマウスであるSAMP10（高齢者では前頭前野の萎縮や学習記憶能の低下が確認されるが，このマウスは早期に大脳の萎縮，学習記憶能の低下，脳内の活性酸素発生量が多いなど，ヒト高齢者と同様の症状を示す）に1月齢から12月齢まで自由摂取させた。11月齢および12月齢の時点で学習・

10-3 アルツハイマー症に効果を示す機能性食品

記憶能を測定したところ，青大豆摂取群では黄大豆摂取群に比べ，加齢に伴う学習・記憶能の低下が有意に抑制された（**図10-3**）。Y字迷路を用い空間作業記憶能を比較した結果，青大豆摂取群および黄大豆摂取群ともに有意に改善された（**図10-4**）。DNAマイクロアレイ解析を行った結果，青大豆摂取群では黄大豆摂取群とは異なる遺伝子発現の変化を示すことが明らかとなった。これらのことから，青大豆と黄大豆では脳に対する作用が異なること，青大豆には加齢に伴う学習・記憶能の低下に対し改善作用があること認められた。

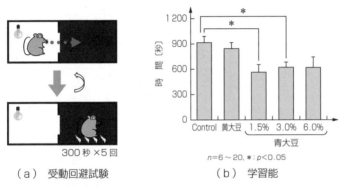

(a) 受動回避試験　　　(b) 学習能

$n=6 \sim 20, *: p<0.05$

げっ歯類は夜行性のため暗所に移動したがるが，設置した暗所では電流が流れる仕組みで，学習能が高いと暗所への再移動時間が短縮される。

図10-3 青大豆の学習能改善効果[12]

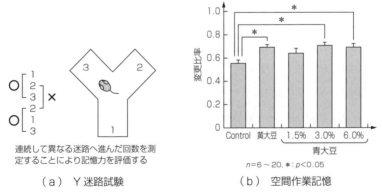

連続して異なる迷路へ進んだ回数を測定することにより記憶力を評価する

(a) Y迷路試験　　　(b) 空間作業記憶

$n=6 \sim 20, *: p<0.05$

図10-4 青大豆の空間作業記憶改善効果[12]

10-4 パーキンソン病に効果を示す機能性食品

パーキンソン病に効果を示す食品はいくつか報告されている。表 10-2 にパーキンソン病に効果を示す機能性食品を示す。

表 10-2 パーキンソン病に効果を示す機能性食品

食 品	関与成分	作用メカニズム
ヤマブシタケ	ヘリセノン	神経栄養因子として[13]
豆 類	L-DOPA	ドーパミンの前駆体として
青 魚	ω3 脂肪酸	脳の海馬でリン脂質として細胞膜形成に寄与
肉 類	コエンザイム Q10	脳機能低下抑制
甲殻類	アスタキサンチン	脳神経の脱落・変性抑制

アスタキサンチンはアルツハイマー症にも効果があると確認されているが，パーキンソン病のモデル動物での結果では，歩行障害の改善が確認された。モデルマウスで自発運動を測定すると，アスタキサンチン投与群では自発運動が増加しており，パーキンソン病の3大症状の一つである活動量低下が改善することが判明した。

10-5 うつ病に効果を示す食品

うつ病に効果を示す食品もいくつか知られている。乳製品や肉類はセロトニン合成の原料となるトリプトファン含有量が多く，生合成原料の供給源として効果が期待できる。特にレバー，チーズ，ヨーグルトなどに豊富に含まれている。魚類ではセロトニンの吸収促進が期待されるビタミン D が豊富であり，特にサケ，サンマ，カレイ，イワシ，タラの肝油などの魚類，乳製品や卵，レバー，腎臓肉などにもビタミン D 含有量は多い。チョコレートはセロトニンの脳内拡散作用があるとされている。チョコレートを食べると「ホッ」として，幸福感が味わえるのはそのような理由と思われる。ミョウガには 10-2-5

10-5 うつ病に効果を示す食品

項で解説した IDO1 の遺伝子発現を抑制し，かつ酵素阻害活性をあわせ持つ**ガラナール**と呼ばれるテルペン（**図 10-5**）を含み，トリプトファンの消費抑制が期待できる。

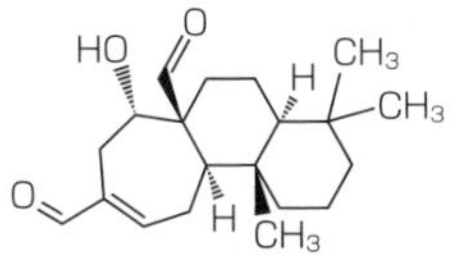

図 10-5 ガラナールの構造

うつ病治療薬の開発として IDO1 阻害薬が探索されているが，**表 10-3** に示すようにガラナールの阻害活性はほかの候補化合物に比べ強く[14]，その効果が期待される。現時点ではその効果について動物試験などにより確認はされていないが今後の評価に期待したい。

表 10-3 各種 IDO1 酵素阻害化合物の活性比較[14]

阻害剤	IC_{50} 値 〔μM〕	評価方法
1-Eethyl-Trp	100	マウス樹状細胞
MTH-Trp	82.5	Briedge-IT 蛍光評価試験
6-chloro-DL-tryptophan	51	THP-1 細胞
Norharman	43	THP-1 細胞
1-Methyl-Trp	35.6	Briedge-IT 蛍光評価試験
ガラナール	7.7	組換え IDO1
	<1	THP-1 細胞
Amg-1	3	Briedge-IT 蛍光評価試験
INCB024360	0.01	HeLa 細胞
	>30	THP-1 細胞

注）IC_{50} 値（50％阻害濃度）：ある評価系により酵素阻害の濃度依存性を測定し，阻害剤非添加のときの活性値の半分の値の阻害剤添加濃度で阻害活性の強度を比較する。

物忘れと認知症の判別法

認知症と物忘れの違いは区別が困難と思いがちである。しかし，認知症による記憶障害と老化による物忘れには違いがある。**表**のように認知症における記憶障害は記憶の断片喪失ではなく，体験全体の記憶を喪失してしまう。このように認知症の場合には記憶障害の自覚がないことが特徴となる。

表 物忘れと認知症の判別法

単なる物忘れ	認知症
日常生活に支障がない	日常生活に支障がある
自分で物忘れを自覚	自分で物忘れを自覚しない
つくり話，取繕いがない	話を取繕う
出来事の一部を忘れる	出来事の全部を忘れる
1，2年で進行しない	1，2年で進行する

両者の違いを確認するテクニックとして，「最近のニュースで大きな出来事を教えて下さい」と尋ねると，単なる物忘れの場合はなんらかの回答があるはずだが，認知症の場合は「最近はニュースを見ない」など，取り繕った話をする場合が多い。

11

糖尿病

　糖尿病を患う患者は日本では300万人を超え，その医療費は8兆円に達する。患者数は増加の傾向を示し，増加抑制は医療行政にとって重要課題である。糖尿病予備軍とも言える血糖値が高めの方に対し有効な機能性食品はさまざまな種類が開発されており，患者数増加に歯止めをかける手段として注目され手いる。本章ではこれら実態について解説する。

11-1 糖尿病とは

　糖尿病とは空腹時血糖値（血液中のグルコース濃度）が126 mg/dL以上であり，インスリン作用の不足に基づく慢性の高血糖状態をきたす代謝性疾患である。インスリン分泌低下あるいは**インスリン抵抗性**をきたすと，食後の血糖値が上昇するのみならず，空腹時血糖値も上昇する。症状として意識障害，昏睡，大量の尿排泄，著しいのどの渇き，などがあるが，これら症状の出現は血糖値がかなり高い場合に限られる。境界領域である126 mg/dL程度ではほとんど自覚症状はない。糖尿病では**ヘモグロビンA1c**（HbA1c）値も診断基準となる。糖尿病は高血糖の結果症状を呈することもあるが，長期の高血糖状態は血管内皮タンパク質と結合する糖化反応を促進させ，体中の微小血管が徐々に破壊される。その結果，網膜，腎臓を含む体中のさまざまな臓器に重大な障害（糖尿病性神経障害・糖尿病性網膜症・糖尿病性腎症の微小血管障害）を及ぼす合併症を引き起こす。

　糖尿病には膵臓のランゲルハンス島β細胞が自己抗体により損傷し，インスリン低下をきたすⅠ型とインスリン抵抗性を示すⅡ型がある。日本における

糖尿病患者の90％はⅡ型であり，これは予防可能な疾患である。Ⅱ型糖尿病の予防や軽減には，健康的な食事，適度な運動，適切な体重管理，禁煙が有効である。

11-1-1 糖尿病の診断基準

糖尿病の診断基準は**表11-1**に示すように空腹時，経口糖負荷試験後血糖値，ヘモグロビンA1c値により規定されている[15]。**経口糖負荷試験**（oral glucose tolerance test）は糖尿病の診断方法の一つであり，患者に対し，短時間に一定量のグルコース水溶液を飲んでもらい，一定時間経過後の血糖値の値から，判断する方法である。表11-1の試験の場合75gのグルコースを負荷し，2時間後の血糖値を測定して診断する。

表11-1 糖尿病の診断基準

空腹時血糖値〔mg/dL〕	75g 経口糖負荷試験 2時間後血糖値〔mg/dL〕	随時血糖値〔mg/dL〕	HbA1c〔%〕
126以上	200以上	200以上	6.5%以上

11-1-2 糖尿病合併症

糖尿病合併症には糖尿病性神経障害・糖尿病性網膜症・糖尿病性腎症の微小血管障害がある。糖尿病性神経障害は末梢神経障害による手足のしびれ，自律神経障害による便秘，立ちくらみ，勃起不全などの症状がある。糖尿病性網膜症の場合は，発症すると極端な視力低下があり，放置すると失明に至る。糖尿病性腎症では慢性腎不全と同様の症状としてむくみや乏尿，全身倦怠感などを呈する。進行した場合腎不全に至り人工透析が必要となる。なお，人工透析とは，腎臓の機能を人工的に代替する医療行為であり，ダイアライザーと呼ばれる機械に血液を通して，ろ過により尿素などの老廃物を除去する方法である。

これらは糖尿病の3大合併症と呼ばれ注意が必要であるが，そのほかの臓器，器官でも合併症は発症する。呼吸器では感染症，結核泌尿器では尿路感染症，排尿障害，膀胱炎，脳では脳梗塞，心臓では心筋梗塞，皮膚では皮膚炎な

どがある。

11-1-3 糖尿病の原因となる生活習慣

　糖尿病の原因となる生活習慣はまさにメタボリックシンドロームの原因となる生活習慣である。肥満，過食，過度のアルコール摂取，高脂肪食，運動不足，ストレス，喫煙が主だが，そのほかにも多数の危険因子がある。過食は特に血糖値の異常上昇を引起こす第一の要因であり，まずは注意を要する生活習慣である。血糖値は健常人であれば食後ある程度時間が経てば正常に戻るが，つねに必要以上に食べる生活を続けていると，上昇した血糖値を下げる働きのインスリン分泌量低下，あるいはインスリン抵抗性を惹起し，血糖値が正常値に戻らなくなってしまう。過度のアルコール摂取はアルコール性膵炎を誘引する恐れがあり，誘引された場合インスリン分泌細胞であるβ細胞壊死に至ることがある。運動不足で筋肉の量が減ってしまうとグルコース消費が低下し，さらに筋肉減少は脂質増加体質を導くことから血糖値のコントロールが難しくなってしまう。

11-1-4 糖尿病発症の仕組み

　糖尿病発症の仕組みはほとんどの場合インスリンが関与する。血糖値を上昇させるホルモンはグルカゴン，甲状腺ホルモン，成長ホルモン，アドレナリン，グルココルチコイドなど多種類あるが，血糖値を抑制するホルモンはインスリンのみである。すなわち，インスリン自体の低下や機能の低下を補完代替するホルモンが存在しないため，インスリン機能がダメージを受けると糖尿病を発症してしまう。近年に至る人間の食生活の歴史において，飢餓こそ多数経験してきたが，過食による血糖上昇という経験はほとんどしてこなかった。飢餓による血糖値の低下は生命維持の危機に直面した重大事であり，いかにしても血糖値を維持し生存をはたすため，進化の過程で複数のホルモンによる血糖上昇のシステムが構築されてきたと思われる。しかし，過食という行為を経験してこなかった人類は，インスリン以外の血糖を抑制するホルモンを必要とす

る状況が生じてこなかったわけである。このような側面から考えると糖尿病は飽食の時代と言われる現代に増加した，まさに現代病である。話が少しわき道にそれてしまったが，このようなことをふまえ糖尿病の発症要因について考えてみよう。

　Ⅰ型糖尿病の場合，膵臓機能障害によるインスリン分泌の欠乏が原因である。膵臓機能異常により，インスリン産生量が激減した状態であり，細胞への糖の取込みが著減し，尿にも糖が漏出してしまう。

　一方，Ⅱ型糖尿病の場合はインスリン作用の低下，もしくはインスリン感受性が低下している場合が考えられる。インスリン作用の低下ではインスリン自体は産生・分泌されているものの，そのインスリンの働きが機能せず，血糖値が上昇してしまう。インスリン感受性が低下してしまった場合は，インスリン受容体がインスリンを拒否（インスリン抵抗性）した状態である。

11-1-5　インスリンの働き

　インスリンの働きは，血糖値を下げることにある唯一のホルモンである。インスリンは，膵臓**ランゲルハンス島**という組織にあるβ細胞で合成されており，食事によって血糖値が上がると，膵臓のβ細胞が血糖上昇を感知し，ただちにインスリンを分泌する。グルコースが全身の臓器に到達すると，インスリンの働きによって各臓器の細胞はグルコースの取込みを促進し，解糖系やTCAサイクルによりエネルギーとして利用する。あるいはグリコーゲンとして貯蔵したり，さらにタンパク質合成や細胞の増殖を促したりする。このように，食後増加した血糖値はインスリンにより速やかに処理され一定量を維持する。**図11-1**にインスリンの作用を示す。

11-1-6　糖尿病の治療

　糖尿病の治療はⅠ型糖尿病とⅡ型糖尿病で異なる。Ⅰ型糖尿病の場合，早期から強力なインスリン治療が必要で現時点ではそれ以外の有効な治療法はない。Ⅱ型糖尿病の場合まずは食事療法から始められる。同時に運動療法も指導

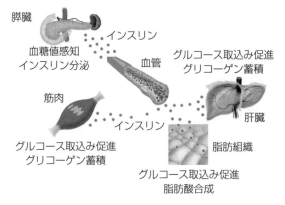

図 11-1 インスリンの作用

される。食事療法，運動療法が奏効しない場合は血糖降下剤が処方され，さらに GLP-1 受容体作動薬が処方される。生体で分泌されるインクレチンホルモンである**グルカゴン様ペプチド-1**（GLP-1）は，グルコース濃度依存的に膵 β 細胞からインスリンを分泌させる働きがあるが，GLP-1 受容体作動薬は GLP-1 と同様の働きをする薬剤であり，インスリン分泌を促す糖尿病治療薬である。これらの糖尿病薬が奏効しない場合はインスリン自己注射に至る。運動療法における目的はグルコース，脂肪酸の利用促進を図り，慢性効果としてインスリン抵抗性の改善を目的とする。運動量の目安としては，エネルギー摂取量と消費量のバランスが改善される程度とする。

11-1-7 インスリン抵抗性の原因

インスリン抵抗性の原因は**耐糖因子** GTF（glucose tolerance factor）の不足によると考えられている。GTF とは三価のクロム，ビタミン，アミノ酸の供給バランスのことである。三価のクロムは食品で 1 日 30 〜 100 μg，水から 10 μg 位摂取される。三価クロムはヒトにおける微量必須金属であるが，体内に吸収されにくい。穀物外皮に多く含まれるが，脱穀により三価クロムは大幅に

喪失される。小麦粉の精白により三価クロムの98%が喪失されてしまう。細胞内に吸収された三価クロムは**クロモデュリン**（chromodulin）と呼ばれる低分子クロム結合物質と結合し，さらにインスリン受容体と複合体を形成する。この複合体を形成したインスリン受容体は複合体を形成しない受容体に比べ，インスリンの刺激伝達効果が強くなり，グルコースの細胞内への取り込みを増加させる。このことから，三価クロムはインスリンによる血糖値抑制効果を補助する働きを持つ。クロモデュリンは図11-2に示すように11個からなるオリゴペプチドで三価クロムのキレーターとして働く。

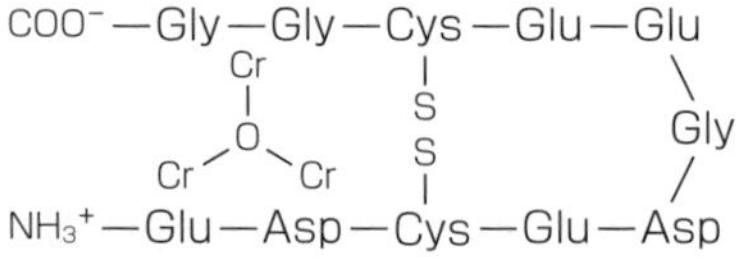

```
        COO⁻—Gly—Gly—Cys—Glu—Glu
              |         |            \
              Cr        S             \
              |         |              Gly
            O-Cr        S             /
              |         |            /
        NH₃⁺—Glu—Asp—Cys—Glu—Asp
```

図11-2　クロモデュリンの構造

11-2　糖尿病の予防標的

　糖尿病の予防標的は，食品を対象とした場合かなり限られる。消化管における糖の吸収を抑制するメカニズムの場合が多く，消化酵素阻害，非分解性多糖による糖吸収抑制，非代謝性糖による甘味料代替などがあるが，それ以外にインスリン機能強化や膵臓β細胞修復，**グルコーストランスポーター**機能促進などもある。また，インスリン抵抗性改善を目的に三価クロム供給などもある。

　消化酵素阻害剤は通常アミラーゼ，もしくは**α-グルコシダーゼ**が対象となる。ヒトは単糖のみしか吸収できないので，アミラーゼを阻害するとデンプンは分解されず，デンプンはエネルギー源とならない。しかし，シュークロースはエネルギー源となってしまう。α-グルコシダーゼは2糖類を単糖へと分解する酵素であるので，α-グルコシダーゼを阻害するとシュークロースもエネルギー源にならない。

11-3 糖尿病に有効な機能性食品

　糖尿病に有効な機能性食品は多数存在する。特定保健用食品に指定されている食品も多く（**表11-2**、○印），その場合の表示としては「血糖値が高めの方へ」としなければならない。保健機能食品の場合は，あくまで病人に対する食品ではないためである。

表11-2　糖尿病に有効な機能性食品

食　品	活性成分	作用メカニズム	特保
コーヒー	クロロゲン酸	消化酵素阻害	
ビートなど	L-アラビノース	消化酵素スクラーゼ活性抑制	○
トウモロコシ	難消化性デキストリン	糖の吸収抑制	○
小　麦	小麦アルブミン	アミラーゼ阻害による糖吸収抑制	○
白甘藷カイアポ	糖タンパク	インスリン受容体増加、糖取込み促進	○
バナバ	コロソリン酸	インスリン分泌改善作用	○
キクイモ	イヌリン	糖質の吸収を遅延	
セキレンカ	クラックスグルコシド	糖の吸収抑制，β細胞の修復効果	
トウチ	アミノ酸誘導体	α-グルコシダーゼ阻害	○
クマ笹葉	多　糖	膵β細胞障害を修復	
クワの葉	デオキシノジリマイシン	α-グルコシターゼ阻害	
バナバ	コロソール酸	グルコーストランスポータ機能促進	○

11-3-1　コーヒーの食後血糖上昇抑制効果

　コーヒーの食後血糖上昇抑制効果は脱カフェインコーヒー生豆抽出物（EDGCB）により調べられている。EDGCBには**クロロゲン酸**類が多く含まれている。クロロゲン酸類とは，植物界に広く存在するポリフェノールの一種であり，カフェオイルキナ酸，フェルロイルキナ酸，ジカフェオイルキナ酸など，60種類以上の総称である。EDGCBは，糖質分解酵素であるマルターゼ，スクラーゼおよびα-アミラーゼに対して酵素の活性をブロックする効果があり，ラットあるいはヒトに投与した場合，食後血糖値にどう影響を及ぼすかに

ついて調べられている。

ラットを絶食後シュークロースとEDGCBを投与し，投与前，投与30分，60分および120分後に血液を採取し，血糖値の測定を行った。対照群血糖値は食後急激に上昇したが，EDGCB投与群では，30分後の血糖値が有意に低下していた。また，グルコース投与の場合でもEDGCBはラット血糖値の上昇を抑制していた。グルコースは単糖であり，酵素分解を受けず小腸から吸収されるため，EDGCBは腸から血液に吸収される部分をブロックしているものと考えられた。

ヒト試験では，被験者に対し2個（計200g）の市販おにぎりと，EDGCBをともに食べ，投与前，投与30分，60分および120分後に血液を採取，血糖値の測定を行った。41名の解析結果から，食後30分の血糖値は，EDGCBを添加した飲料を摂取した場合，摂取しなかった場合（コントロール）よりも統計学的に有意に血糖値が低下していた。

11-3-2　コロソリン酸の血糖値抑制効果

コロソリン酸の血糖値抑制効果はヒト試験により実証されている。コロソリン酸はミソハギ科サルスベリ属の落葉高木であるバナバ（和名：オオバナサルスベリ）の葉に含まれる植物ステロイドである（**図11-3**）。コロソリン酸10 mgを含むカプセル剤を経口投与し，1週間，あるいは2週間後に血糖値の測定を行った。カプセル剤摂取1週間後の食後血糖値は非投与群に比べ有意に低下した。2週間後の場合は血糖値のみならず体重減少によるBMIの改善も確認

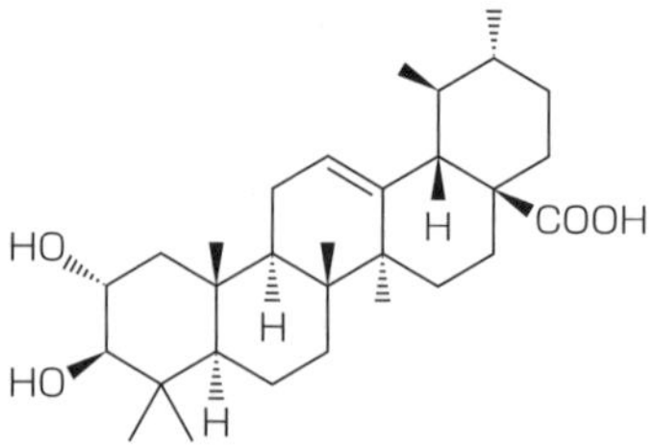

図11-3　コロソリン酸の構造

された。有害事象は認められず安全性に問題はなかった。コロソリン酸の血糖値抑制効果はインスリン負荷試験の結果からインスリン抵抗性の改善ではなく，インスリン分泌改善効果であることが確認されている。

11-3-3 インスリン抵抗性改善のためのクロムイオン付加

インスリン抵抗性改善のためのクロムイオン付加を目的とした食品も開発されている。三価クロムは食品中に塩化クロム，硫化クロムおよびピコリン酸クロムの形態で存在している。特にピコリン酸クロムは吸収効率も高いことから，食品から濃縮され，サプリメントとして販売されている。ビール酵母は培養によりクロムを多く含むのでクロム源として利用される。乳中に含まれるラクトフェリンはキレーター活性があり，三価クロムを結合する。このことから，三価クロムの吸収を増加させる目的で利用されている。

クロムを多く含む食品として，そばや玄米，小麦胚芽などの精製していない穀類，牛肉，豚肉，鶏肉，レバーなどの肉類，アナゴ，ホタテ，カキなどの魚介類が挙げられる。そのほかナッツ，豆，キノコ，海藻，ザーサイ，ココア，パルメザンチーズなども三価クロムを多く含む食品である。

11-3-4 soymorphin-5 の血糖抑制効果

soymorphin-5 の血糖抑制効果もモデル動物による試験で有効性が確認されている。大豆はタンパク質含量が高く，さまざまな貯蔵タンパク質を含むことが知られている。βコングリシニンもその一つで，さまざまな生理活性が報告されている。soymorphin-5 はβコングリシニンの部分配列であるアミノ酸5個のペプチドである。soymorphin-5 はオピオイド受容体アゴニストとして作用する成分として発見された。オピオイド受容体とは，モルヒネ様物質（オピオイド）の作用発現に関与する細胞表面受容体タンパク質のことである。

Ⅱ型糖尿病モデル動物の KK-Ay マウスへ soymorphin-5 を投与すると，試験飼育4週目以降に血糖上昇抑制作用が認められた。soymorphin-5 投与群において血漿インスリン濃度の低下が認められ，さらに経口糖負荷試験，インス

リン負荷試験の結果より，インスリン抵抗性が改善されていることが示唆された。soymorphin-5 投与により血漿 adiponectin 濃度の上昇および肝臓 PPARα とその標的遺伝子の mRNA 発現量の上昇が認められた。ここで，adiponectin とは，脂肪細胞から分泌されるサイトカインの１種であり，インスリン受容体を介さない糖取り込み促進作用，脂質燃焼促進，インスリン受容体感受性上昇作用などがある。いわゆる脂質代謝における善玉サイトカインである。また，PPARα とは，**α型ペルオキシソーム増殖剤活性化受容体**のことで，血中中性脂肪の低下を促す働きを持つ。

インスリンの発見

　ランゲルハンス島と糖尿病が関係あるらしい，という論文を読んだカナダの生理学者であるバンティングという先生が，トロント大学教授で糖の研究の大御所であるマクラウド先生に研究をかけあいに行った。マクラウド先生は「自分が夏休みの間，助手を一人つけて場所を貸してやるから，それでいいでしょ。ご勝手に」と，助手のベスト先生と，10匹の犬と研究場所を提供した。

　バンティングとベストは苦労の末，膵臓から血糖値をさげる成分の分離に成功した。夏休みを終えたマクラウド教授は，実験結果が正しいことを知るやいなや，「この物質をインスリンという名前にしよう」と提案し発表した（バンティングの提案した名前をラテン語読みしただけ）。この成果でバンティングとマクラウドは 1923 年のノーベル医学生理学賞を受賞した。

　ここで疑問だが，マクラウドは場所と犬と助手を提供したことと，インスリンの名前を読みかえたことだけで，実際の発見者はバンティングとベストなのではないだろうか。その後，バンティングは「インスリンはマクラウドとではなく，ベストと見つけたものだ」として，賞金の半分をベストに譲ったという。

12 骨代謝性疾患

　骨代謝は加齢により急速に低下する。老齢社会であるわが国では骨代謝性疾患増加はQOLの点で大問題である。健康食品の多くがこの疾患を標的にしているものの，その有効性に疑義を抱かさざるをえない商品も多く，健康食品のイメージを悪くしている。成分によっては有効なものも少なからずあり，本章では本疾患とこの疾患に有効な食品について実際のところを理解していただけるよう解説していく。

12-1　骨代謝性疾患とは

　骨代謝性疾患とは骨の形成や維持に関する疾患の総称で，代表的な疾患として**骨粗鬆症**，骨軟化症，くる病などがあり，軟骨無形成症，骨形成不全症，大理石骨病，骨ベーチェット病などの先天性の疾患も含まれる。本章では特に食品による影響が関連する骨粗鬆症を取り上げることとする。変形性関節症や変形性膝関節症などの**ロコモティブシンドローム**（膝関節などの運動器の障害のために移動機能の低下をきたした状態のこと）は骨代謝性疾患と分ける場合もあるが，本書では食品の標的となる疾患であるため，本章で取扱うこととする。ロコモティブシンドロームは前述した変形性関節症，変形性膝関節症のほかに骨粗鬆症に伴う猫背（円背，亀背），易骨折性症，変形性脊椎症，脊柱管狭窄症，関節リウマチ，長期臥床後の運動器廃用症も含まれるが，前述の2疾患以外はその発症要因が異なるため，前述の2疾患のみを解説する。

12-2 骨粗鬆症

骨粗鬆症とは骨形成速度よりも骨吸収速度が高いことに起因する骨の中がスカスカの状態になり，骨がもろくなる病気である。図12-1に示すように外観での異常は見られないが骨の内部での空間が広がり，骨密度の低下をきたしてしまう。わずかな衝撃でも骨折をしやすくなり，本症による骨折から要介護状態になる人は少なくない。特に閉経後の女性に頻発する。日本における患者数は推計で1100万人超であり，アメリカ合衆国での3000万人と比べ人口あたりの発症頻度は変わりない。患者の約8割は女性であり，60代女性の3人に1人，70代女性の2人に1人が患者であると推定されている。

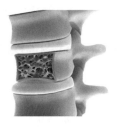

骨粗鬆症の脊椎骨は健常者の骨に比べ
内部空間が多くもろい構造になっている。

図12-1 骨粗鬆症の脊椎骨断面

骨粗鬆症は原発性骨粗鬆症と続発性（二次性）骨粗鬆症に分類され，原発性骨粗鬆症では閉経や老化に伴い骨密度が低下するタイプのもの，**エストロゲン**分泌量の低下が原因となり，閉経後女性にステロイドホルモンの一種で卵胞ホルモン，女性ホルモンと呼ばれるエストロゲン補充により骨量減少が抑制されるタイプ，老人性骨粗鬆症では加齢に伴う腎機能低下によるビタミンD産生低下が原因となるタイプがある。妊娠に伴う骨粗鬆症も原発性骨粗鬆症の一つとして数えられ，母体のカルシウムが胎児に移行してしまうことが原因で発症する。続発性（二次性）骨粗鬆症は別疾患の症状として成り立つタイプであ

り，内分泌性，栄養性，薬物性，不動性，先天性という細分類される。

12-2-1 骨粗鬆症の発症要因

　骨粗鬆症の発症要因のおもなもとして，性ホルモンの分泌不足および加齢による骨代謝減少が挙げられる。副要因としては人種差，体型，運動，喫煙，食事，過度のアルコール摂取などがある。人種差ではアフリカ系が骨粗鬆症を発症しにくい。体型においては低身長が危険因子の一つである。適度な運動習慣の不足も発症を増加させる。喫煙はニコチン摂取，煙中のカドミウムが骨細胞に影響を与え，発症を増加させると考えられている。カルシウムを不足させる動物性タンパク過多の食事や，ビタミンDやビタミンKの不足した食事，カフェインの取りすぎも発症増加の要因となる。

12-2-2 カルシウムの食事摂取基準

　カルシウムの食事摂取基準値は**表12-1**に示すように，男女差があり，男性の方が多く必要とする。骨の主要成分であるカルシウムは骨形成に不可欠なミネラルであり，その不足は骨粗鬆症発症に深く関与する。**図12-2**に示すように，人体の骨量は，20代までの成長期に最も増加，その後30代ぐらいまでは漸増していき，やがてピークに達するので，20代で多くのカルシウムの摂取が必要である。その後骨量は徐々に減少していき，女性では閉経に伴い50代をすぎたあたりから激減する。閉経後の骨量減少が顕著であってもカルシウムの食事摂取必要量が増加するわけではない。これは閉経に伴い女性ホル

表12-1　カルシウムの食事摂取基準〔mg/日〕[7]

性　別	男　性			女　性		
年齢〔歳〕	必要量	推奨量	許容上限	必要量	推奨量	許容上限
18-29	650	800	2 300	550	650	2 300
30-49	550	650		550	650	
50-69	600	700		550	650	
70以上	600	700		500	600	

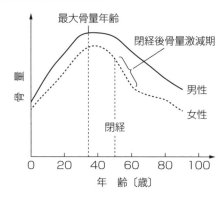

ヒトの骨量は年齢とともに上昇し35歳前後でピークとなり、その後低下していく。女性の場合は閉経後極端に低下する。

図12-2 年齢による骨量の変化

モン分泌が減少することに由来し、カルシウムを多く摂取しても骨形成増加を図れないからである。しかし、閉経後の女性で食事性カルシウム摂取が必要量を下回る場合は、骨形成減少がさらに進行してしまい骨粗鬆症発症に至る。

12-3 変形性関節症，変形性膝関節症

　変形性関節症，変形性膝関節症はいわゆるロコモティブシンドロームであり、加齢や外傷などに伴い関節が変形することによって起こる病気である。男女比は1：4で女性に多く見られる。変形性関節症は加齢や膝の使いすぎで関節の痛みが発生する。対象となる関節は膝関節，股関節，足関節，肩関節，肘関節，手関節，手指関節，脊椎椎間関節である。特に体重を支える膝関節，股関節はQOLの維持に深刻な問題となる。変形性関節症には老化などが原因で発症する1次性関節症と外傷や病気などが原因で発症する2次性関節症に分類される。変形性膝関節症では筋力低下、加齢、肥満などのきっかけにより膝関節の機能が低下して発症する。膝軟骨や半月板のかみ合わせが緩み、変形や断裂を引き起こす。炎症による関節液の過剰滞留により痛みを伴う場合が多い。

12-3-1 変形性関節症の発症要因

　変形性関節症の発症要因はまずは加齢が第一要因であるが，女性に多く発症することから，閉経後のエストロゲン減少が発症要因かもしれないとする研究が行われているが結論は得られていない。遺伝的にアスポリンというタンパク質の産生能の高い人では，軟骨細胞の増殖が抑制されるために発症するとの説もある。肥満も発症の要因となる。肥満は膝や股の関節に掛かる過重を増大させ，関節症を発症させやすくする。職業によっては特定の関節を長い間繰り返し使う場合があり，その結果関節の軟骨がすり減り，変形性関節症が発症しやすくなる。スポーツ選手や肉体労働者，ピアニスト，タイピストなどは，よく使う部分の関節に変形性関節症を起こすことがある。

12-3-2 変形性関節症の進行

　変形性関節症の進行はまず，関節の酷使，加齢，けがなどで半月板が損傷することから始まる。損傷で関節の間隔が狭くなり，足の衝撃が直接軟骨に掛かるようになってしまう。衝撃が直接軟骨に掛かることから症状はさらに悪化し，軟骨が変形し破片が飛び散ってしまう。飛散した破片が神経細胞を刺激し，痛みが発生する。さらに症状が進むと，半月板，軟骨がなくなり，衝撃が直接骨に伝わり，その結果骨が変形してしまう。

　発症当初は軟骨に小さな裂け目ができる程度だが，少しずつ裂け目の数が増え，その裂け目が深くなっていく。傷ついた軟骨は，コラーゲン線維の構造が崩れ，プロテオグリカンが喪失し，軟骨細胞自体が減少し，軟骨はもろく擦り減っていくため，関節のクッションとしての役割を果たせなくなる。また，滑らかな表面が失われるので摩擦係数が大きくなり，関節の潤滑な動きが損なわれる。

12-3-3 変形性関節症を悪化させない生活習慣

　変形性関節症を悪化させない生活習慣として，つぎに示すようなことが必要である。肥満に注意し，トイレは洋式を利用する。靴はかかとが低く，軽く柔

軟な素材を選ぶようにする。ある程度の歩行は進行を抑制するがそのときは足元に十分注意し，杖を使うなど転倒防止に留意する。階段ではてすりにつかまるなど，体重の膝関節への加重がなるべく少なくなるような配慮が必要である。正座も関節に負担を掛ける姿勢であり，椅子を使うことも必要である。

　変形性膝関節症が気になる年齢になると，食事はあっさりとした炭水化物に偏り，肥満の原因になる。肥満になると運動はあまりせずに，炭水化物を食べ，筋肉のもととなるタンパク質の豊富な肉や魚の摂取量が少なくなる。運動をしないとさらに筋肉が減ってしまう。筋肉が減ると，タンパク質の要求量が少なくなり，さらに肉類を避ける傾向となる。このように肥満は変形性膝関節症発症にとって悪循環のきっかけとなる。まずは悪循環に陥らないよう，食生活を見直すことが重要である。変形性関節症予防に必要な食習慣として，タマゴ，乳製品，魚介類をバランスよく食べて，お米やパンは控えめにする。野菜は炭水化物含量の多いいも類を除き，塩分や油に注意しておけばいくら食べても問題ない。

12-4　骨の代謝

　骨の代謝は図 12-3 に示すように，つねに代謝サイクルにより維持されている。骨はいったんでき上がってしまうと，いつまでも変化しない堅い臓器のように思われがちだが，じつは破骨細胞による骨吸収と骨芽細胞による骨形成の代謝が活発に行われている。毎日一定量が破壊され，新しい骨が形成されている。道路工事を想像するとわかりやすい。道路の表面が損傷すると，アスファルトをはがして，埋め直す。それと同じことが骨でも行われている。約3年間で全身の骨がすべて入れ替わると考えられている。

12-4-1　ビタミン D の骨代謝に対する機能

　ビタミン D の骨代謝に対する機能は骨代謝の内骨吸収に深く関与する。**活性型ビタミン D**（カルシトリオール）は，図 12-4 に示すように腎臓の毛細

12-4 骨の代謝

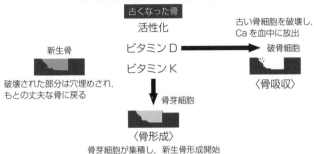

骨は骨吸収，骨形成を繰り返し一定な骨密度を維持している。
ビタミンDは骨吸収をビタミンKは骨形成を促進する。

図 12-3 骨の代謝サイクル

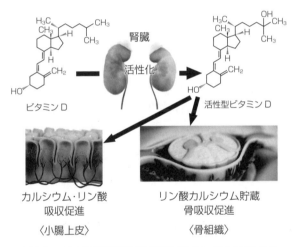

ビタミンDは腎臓組織で活性型ビタミンDに変換され
骨吸収を促進する。

図 12-4 ビタミンDの活性化とその作用

管内でビタミンDに水酸基を付加することで合成され，以下の方法により血中カルシウム（Ca^{2+}）濃度を高める作用がある。

・腸からカルシウムの吸収を促進し，血中濃度を高める。

・腎臓において血中から尿へのカルシウムの移動を抑制する。

・骨から血中へカルシウムの放出を促進する。

前述したように，骨は骨芽細胞による骨組織形成と破骨細胞による骨吸収により一定の骨量が維持されている。活性型ビタミンDは破骨細胞を活性化し，骨塩動因作用（骨吸収）促進により，骨のリモデリング（骨の破壊と再構築）を正常に維持するよう働いている。ビタミンDはカルシウム吸収促進と骨リモデリングに必要なビタミンであるため，不足すると乳児・幼児・小児などの成長期においてくる病を引き起こす。くる病は骨が軟化し脊椎や四肢骨の湾曲や変形が起こる病気である。骨格形成が完了した成人以降では骨軟化症を誘引し，閉経後の女性や高齢者では，ビタミンD不足により骨粗鬆症のリスクが増加する。

12-4-2　ビタミンKの骨代謝に対する機能

ビタミンKの骨代謝に対する機能はビタミンDと同様骨のリモデリングに重要で，骨形成に関与している。血液凝固に重要な役割を行うビタミンKだが，ビタミンK1とビタミンK2に分類される。骨に関与するのはビタミンK2であり，ビタミンK2は骨芽細胞に作用することで骨形成を促進している。この様な働きからビタミンK2は医薬品化され，骨粗鬆症治療薬として使用されている。骨形成作用と同時に骨吸収を抑制することにより，骨代謝のバランスを調整し，骨リモデリングの維持に重要な働きをしている。

12-5　骨粗鬆症に有効と考えられている機能性食品

骨粗鬆症に有効と考えられている機能性食品としては，カルシウム，ビタミンD，ビタミンKの豊富な食品が挙げられる。骨粗鬆症患者に必要な1日の摂取量は，カルシウムが800 mg，ビタミンDが400〜800 IU，ビタミンKが250〜300 μgである。これらの成分の多い食品順に，各食品の100 gあたりの含有量を**表12-2**に示す。

カルシウム，ビタミンD，Kの他に柑橘類のβクリプトキサンチン，トマトのリコピン，大豆のイソフラボンも骨粗鬆症に効果があると考えられている。

表 12-2 カルシウム，ビタミン D，K の含有量の多い食品（食品 100 g あたり）

カルシウム〔mg〕		ビタミン D〔IU〕		ビタミン K〔μg〕	
桜エビ	690	アンコウのキモ	110	ひきわり納豆	930
プロセスチーズ	630	シラス干し	61	パセリ	850
シラス干し	520	イワシ丸干	50	シ ソ	690
イカナゴ	500	身欠きニシン	50	モロヘイヤ	640
アユ（天然/焼）	480	スジコ	47	納 豆	600
カマンベールチーズ	460	イクラ	44	アシタバ（生）	500
ワカサギ	450	カワハギ	43	シュンギク（ゆで）	460
イワシの丸干	440	サケ（紅鮭）	33	バジル	440
イワシの油漬	350	サケ（しろ鮭）	32	カブ（葉）	370
シシャモ	350	スモークサーモン	28	オカヒジキ	360
油揚げ	300	塩 鮭	23	ツルムラサキ	350
パセリ	290	ニシン	22	ダイコン（葉）	340
カブ葉のぬか漬	280	イカナゴ	21	ヨモギ	340
がんもどき	270	サンマ（生）	19	コマツナ（ゆで）	320
モロヘイヤ	260	ウナギのかば焼	19	ホウレンソウ（ゆで）	320
牛 乳	110	ヒラメ	18	コンブのつくだ煮	310

12-5-1 カルシウムの効率的摂取

　カルシウムの効率的摂取は必ずしも含有量の多い食品から摂取するのが効率的とは言えない。なぜならば，カルシウムは食品中での存在形態の違いにより消化管における吸収効率が異なるためである。牛乳におけるカルシウムの吸収率は 40％であるのに対し，小魚は 33％，野菜類では 19％になってしまう。表 11-2 に示すように牛乳の 100 g あたりのカルシウム含有量は 110 mg と魚介類，野菜と比べ少ないが，吸収率が高いので効率的に摂取できる。カルシウムはリン酸と結合しリン酸カルシウムになるが，このリン酸カルシウムは消化管で吸収されにくい。牛乳によるカルシウム吸収が良い理由は，CPP（カゼインホスホペプチド）と呼ばれる牛乳中カゼインの小腸下部酵素により分解されてできるペプチドがカルシウムとリン酸の結合を抑制することによる。

12-5-2　β-クリプトキサンチンによる骨粗鬆症予防効果

β-クリプトキサンチンによる骨粗鬆症予防効果はほかのカロテノイドと同様に，抗酸化物質として**フリーラジカル**による酸化的損傷から細胞およびDNAを保護する働きによると思われる。ここで，カロテノイドとはおもに植物に存在する，赤・橙・黄色の色素であり，β-カロテンは体内でビタミンAに変換される。トマトにはリコピン（赤色），ニンジンにはβ-カロテン（橙色），赤ピーマンにはカプサンチン（赤色）が特徴的に含まれる。抗酸化作用による疾病予防作用が注目されている。その効果は閉経女性の疫学研究により実証されている。閉経女性のうち，血中のβ-クリプトキサンチン濃度の低いグループから，高いグループまでの3グループに分け，各グループにおける骨粗鬆症の発症率を解析した。その結果，骨粗鬆症発症者では健常者に比べ血中βクリプトキサンチン濃度レベルが有意に低いことが確認された。さらに，血中βクリプトキサンチン濃度レベルの高い群では，低い群に比べ有意に骨粗鬆症発症リスクが低下していることが確認された。β-クリプトキサンチンは天然に存在するカロテノイド色素の一つでビタミンAに変換されるためプロビタミンAと見なされている。βクリプトキサンチンは**図12-5**に示すように，11個の二重結合を有するキサントフィルで，トウガラシでは100gあたり2 200 μg，温州ミカンでは1 800 μg含まれており，βクリプトキサンチンの摂取推奨量である500 μg摂取するためには温州ミカンを1日1個食べるだけでまかなえる。

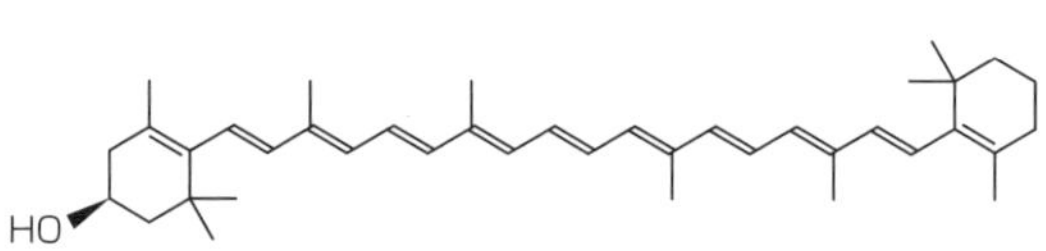

図12-5　βクリプトキサンチンの構造

12-5-3　リコピンの骨粗鬆症予防効果

リコピンの骨粗鬆症予防効果もβクリプトキサンチンと同様抗酸化物質としてフリーラジカルによる酸化的損傷から細胞およびDNAを保護する働きに

よると思われる。リコピンはカロテンの1種で、鮮やかな赤色（深赤色）を呈す成分で、カロテノイドの生合成における重要な中間体である。**図12-6**に示すように8個のイソプレン単位が集まったテトラテルペンで、13個の二重結合が深赤色、抗酸化性を付与する構造となっている。

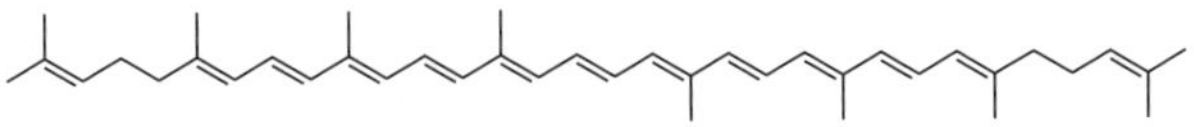

図12-6 リコピンの構造

リコピンの骨粗鬆症に対する効果は18週齢の老年性骨粗鬆症モデルマウスSAMP6により検証されている。老年性骨粗鬆症モデルマウスとは、senescence（老化）-accelerated（促進される）mouse（マウス）のことで、老化促進マウスであるSAMPのうち、老年性骨粗鬆症を発症するマウス雄性SAMP6マウスを対照群、0.05％リコピン含有飼料飼育群（SAMPL0.05群）、0.25％リコピン含有飼料飼育群（SAMPL0.25群）の3群に分け、8週間飼育した後、大腿骨と脛骨を摘出し、骨密度を測定した。その結果、対照群の大腿骨および脛骨骨密度は非老化マウスSAMR1群に比べて有意に低値を示し、SAMPL0.25群の脛骨骨密度は、対照群に比べて、有意に高値を示したことから、リコピンの骨密度低下抑制作用が確認された。このように、リコピンには骨密度の低下抑制作用を有することが確認された。

12-5-4 大豆イソフラボンの骨粗鬆症に対する効果

大豆イソフラボンの骨粗鬆症に対する効果は大豆イソフラボンのフィトエストロゲン効果により骨代謝が骨形成に作用し効果を示すと考えられている。フィトエストロゲンとは、内因性ではなく、植物由来の外因性物質が女性ホルモンのように機能する食品成分で、植物エストロゲンとも呼ばれ、植物で天然に発生した非ステロイド性合物群であり、女性ホルモンエストラジオールと構造が類似しているため、エストロゲンあるいは非エストロゲン効果をもたらす。大豆イソフラボンの骨粗鬆症に対する効果はヒト臨床試験により検証され

た。閉経期の女性（42〜62歳：平均52歳）69人をホエータンパク40gのみを摂取した対照群，80.4 mgのイソフラボンを含む大豆タンパク質40gを摂取した高容量群，4.4 mgのイソフラボンを含む大豆タンパク質40gを摂取した低容量群の3群に分け，6か月間試験食を摂取してもらい，各グループの腰椎の骨密度と骨塩量を測定し比較した。その結果，対照群では閉経前の平均値より低い骨密度と骨塩量であったのに対し，低容量群では平均値よりやや低い程度，高容量群の骨密度は平均値程度に，骨塩量は平均値より高く，対照群に比べ有意に増加していた。このことから大豆イソフラボンを大豆タンパクと共に摂取すると閉経後の骨粗鬆症に対し有効であることが確認された。

大豆イソフラボンはポリフェノールの一つで，フラボノイドの1種である。代表的な大豆イソフラボンは**図12-7**に示すような構造のゲニステイン，ダイゼインがある。植物中では配糖体として存在しており，それぞれゲニスチン，ダイジンと呼ばれる。配糖体は食事として体内に入ると腸内細菌の働きで糖が分解されアグリコンとして吸収される。大豆イソフラボンは大豆のほか，クズなどのマメ科植物に多く含まれている。ここで，配糖体とは，糖の水酸基が，非糖成分であるアグリコンから水素を除いて得られる置換基で置換された化合物の総称である。また，アグリコンとは，配糖体のグリコシル基が水素原子に置換された後に残る非糖部分のこと。

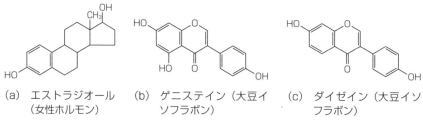

(a) エストラジオール（女性ホルモン）　(b) ゲニステイン（大豆イソフラボン）　(c) ダイゼイン（大豆イソフラボン）

図12-7 エストラジオールと大豆イソフラボンの構造

12-6 変形性関節症に有効と考えられている機能性食品成分

　変形性関節症に有効と考えられている機能性食品成分として**ヒアルロン酸**，**グルコサミン**，**コンドロイチン硫酸**，**コラーゲン**，ω3脂肪酸などが挙げられる。ヒアルロン酸は本来膝関節内の軟骨や関節液の成分だが，加齢により不足してくるため，関節注射でヒアルロン酸を直接注入することで，関節痛や変形性膝関節炎の治療に用いられている。ただし，経口摂取では，消化管内で酵素分解されてしまいその効果が疑わしい成分である。グルコサミンも膝関節内の軟骨や半月板，関節液に含まれる成分で，カニやエビなど甲殻類の殻の主成分であるキチンを加水分解し精製したものが使用される。変形性関節症に対する効果は賛否両論あり決着していないが，最近，変形性膝関節症の炎症を抑えて痛みを軽減するという報告が増えてきている。臨床試験では軽度の患者に有効とする試験もあるが2重盲検試験ではなく，確実な有効性実証には至っていない。コンドロイチン硫酸も膝関節内の軟骨，半月板，関節液に含まれる成分であるが，グルコサミンと同様，軽度の症状では痛みをやわらげるとのデータもあるが，有効ではないとする報告もあり，有効性の確証は得られていない。アイソトープによる追跡試験で低分子量化成分が摂食量の1割程度吸収されたとの報告があるが，関節に到達している実験結果はない。コラーゲンは皮膚や骨，軟骨，腱などに含まれるタンパク質である。ゼラチンの主成分で保湿効果が高いため化粧品における効果は実証済みだが，経口摂取した場合の有効性は確認されていない。

〈ω3脂肪酸の変形性関節症に対する効果〉

　ω3脂肪酸の変形性関節症に対する効果はヒト臨床試験を含め多数のモデル動物試験により実証されている。75人の変形性関節症患者は，1 000 mgあたりEPA 400 mg，DHA 200 mgが含まれる魚油を1 000 mg摂取した群，2 000 mgを摂取した群対照群の3群で効果が調査された。投与開始前と開始12週

間後に、ひざの痛みとひざ機能、100m歩行速度とそのタイムを測定した。その結果、すべてのパラメータで、対照群と比較し、魚油摂取群では有意に症状の改善が確認された。魚油1000mg摂取群と2000mg摂取群で差異は認められなかった。患者の満足感の得点は魚油摂取群で9.06であった。1名の被験者で膀胱炎が観察されたがほかの49人の参加者は魚油摂取で副作用は観察されなかった。このようにω3脂肪酸には変形性関節症の症状緩和効果が認められる。しかし、これらは関節症に伴う関節炎の疼痛緩和にω3脂肪酸が寄与した結果であり、ω3脂肪酸が直接関節の異常を修復した結果ではない。ω3脂肪酸は抗炎症効果が知られており、この点から考えると、関節の異常を修復する有効な食品は現在までに開発されていない。

EPAとDHAの構造を図12-8に示す。

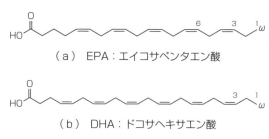

図12-8 EPAとDHAの構造

5cm四方の人の骨の塊に象が乗ったら壊れてしまうのか？

骨はいったんでき上がってしまうと、いつまでも変化しない堅い臓器のように思えるが、じつは活発に新陳代謝をしている。人が生まれてから死ぬまで、骨は成長し、形を変え続ける。骨はつねに分解と合成を繰り返すことで強度が維持される。骨格の3分の1は生きた組織で、残りの3分の2は水と無機質で構成されている。人の骨は、コンクリートのおよそ4倍の強度があることが確認されている。したがって5cm四方の骨の塊に象が乗っても壊れない。

骨は毎日一定量が壊され、新しい骨がつくられている。このことは道路工事に例えるとわかりやすい。道路の表面が傷んでくると、アスファルトをはがして、新たなアスファルトを埋め直す。それと同じように骨でも一部が壊され、補修が行われる。約3年間で全身の骨がすべて入れ替わると言われている。

13 脂質異常症

　脂質異常症は肥満や動脈硬化を誘発し，虚血性疾患の原因ともなる前段階的な代謝性疾患である。病状の悪化を遅延する目的において機能性食品は有効であり，医薬を使用しないでも目的を遂行できる手段として理解を深めてほしい。本章では脂質異常症とこの疾患に効果を示す食品について解説する。

13-1　脂質異常症とは

　脂質異常症とはおもに高脂血症を指す。血中コレステロールや中性脂肪（トリグリセリド）が増加する状態を高脂血症と呼ぶ。高脂血症は動脈硬化の原因となるが，血中コレステロールには善玉コレステロールと呼ばれる **HDL リポタンパク**に運ばれているものが存在する。この HDL コレステロールが低下すると動脈硬化を誘引しやすいので，高脂血症という病名は不適切ではないかとの指摘により，日本動脈硬化学会では 2007 年から低 HDL コレステロール血症を含めた血中脂質の異常を，脂質異常症と変更した。脂質異常を引き起こす疾患は糖尿病，虚血性疾患，甲状腺機能低下症，クッシング症候群（副腎皮質機能亢進症），腎疾患，肝臓・胆嚢疾患，急性・慢性膵炎，食事性肥満症，薬剤性肥満症などである。

13-1-1　脂質異常症の原因

　脂質異常症の原因は上記のような疾患に誘引される場合もあるが，多くは食事を含めた生活習慣に起因する。一般には，高カロリー高脂肪の食事と運動不足などの生活習慣が一番多い原因となる。しかし，遺伝性の脂質異常症も知ら

れており，なかでも家族性高コレステロール血症は500人に1人の高い頻度で日本人に見られる遺伝性疾患である。そのほかにも家族性複合型高脂血症，家族性Ⅲ型高脂血症などの遺伝性高脂血症がある。遺伝性低HDL血症もあるが，きわめてまれなので特に考慮する必要はない。

　脂質異常症は現代病の一つとして近年深刻な問題となっている。おもな原因となる生活習慣として，肉類，油物中心の食生活，暴飲暴食，喫煙，過度のアルコール摂取，慢性的な運動不足が挙げられる。さらに，現代はストレス社会とも言われるように，さまざまな外的要因によって極度のストレスを一身に受けることが多くなり，そこから喫煙量やアルコール摂取量が増加することで，血中コレステロールや中性脂肪が極度に増加してしまい，高コレステロール血症発症に至る。脂質異常症が進行しメタボリック症候群や糖尿病など生活習慣病にまで発展してしまうケースが多発している。本来，日本人は魚類や穀物，海草類などの脂質異常症を誘引しない食事が主たるものだったのが，食事の欧米化により脂質異常症は爆発的に増加した。また，現代生活はすべてにおいて便利な日常となり身体を動かす必要が減少し，慢性的な運動不足がさらに症状を悪化させている。

13-1-2　高脂血症診断の概略フロー

　高脂血症診断の概略フローは**図13-1**に示すように，まずは血清脂質測定から開始される。測定項目は総コレステロール値，中性脂肪値，**HDLコレステロール値**，**LDLコレステロール**値である。総コレステロール値，中性脂肪値，LDLコレステロール値のいずれかが基準値を上回っている（図中↑印）と高脂血症が疑われる。HDLコレステロール値が基準値を超えていた場合は長寿症候群，CETP欠損症が疑われる。高脂血症が疑われた場合，リポタンパク質の分画，アポリポタンパク質の測定により高脂血症の分類が実施される。なお，CETP欠損症とは，コレステリルエステル転送タンパク欠損症のことで，血清中のHDLコレステロールが著明に増加する一方で，LDLの質的異常をきたす。アポリポタンパク質とは，リポタンパク質と結合し，リポタンパク

13-1 脂質異常症とは

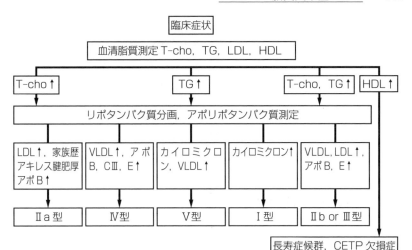

高脂血症の診断は血清脂質測定値によりⅠ～Ⅴ型に分類される。

図 13-1 高脂血症診断フロー

質認識や脂質代謝関連酵素の活性化，あるいは補酵素として働く一群のタンパク質でアポ A, B, C, E があり，さらにアポ AI のように細分化されている。

LDL 値が増加していた場合は，家族歴，アキレス腱肥厚，アポ B 増加判定で陽性となった場合はⅡa 型，VLDL が増加しておりアポ B, CⅢ, E が増加していた場合はⅣ型に分類される。カイロミクロンと VLDL が増加していた場合はⅤ型に，カイロミクロンのみが増加していた場合はⅠ型に分類される。VLDL と LDL が増加しておりアポ B, E が増加していた場合はいくつかの異なる試験を経てⅡb もしくはⅢ型に分類される。

高脂血症は発症要因により原発性と二次性に分類されるが，食生活の乱れにより誘発されるのは二次性であり，機能性食品の対象になるのも二次性である。二次性の高脂血症はⅡa, Ⅱb, Ⅳ型であり，そのほかの型に分類された場合は機能性食品や食生活の改善のみに頼るべきではない。**表 13-1** に各分類型の発症頻度を示す。

表 13-1 高脂血症分類型の発症頻度

分類	男性〔%〕	女性〔%〕
I	0.1	0.3
IIa	32.2	53.3
IIb	20.9	22.8
III	0.3	0.7
IV	44.6	21.5
V	1.9	1.4

13-1-3 リポタンパク質の種類と組成

リポタンパク質の種類と組成を**表 13-2**に示す。リポタンパク質の比重はその名称に由来するようにVLDLが低くHDLが最も高い。カイロミクロンはVLDLよりも比重は低い。リポタンパク質を電気泳動により分離するとカイロミクロンは見かけの分子量が大きく原点にとどまる、HDLは見かけの分子量が低く移動度は大きい。HDLは中性脂肪が少なくタンパク質が多いこのため比重が大きい。一方カイロミクロンやVLDLは中性脂肪が多くタンパク質が少ない。すなわち比重が小さくなる。コレステロールは体内に吸収されるときは

表 13-2 リポタンパク質の種類と組成

		カイロミクロン	VLDL	IDL	LDL	HDL
比重		低 ←				→ 高
電気泳動		原点 ←	移動度小			→ 移動度大
組成 (%)	中性脂肪	85	55	24	10	5
	E-cho	5	12	33	37	18
	F-cho	2	7	13	8	6
	リン脂質	6	18	12	22	29
	タンパク質	2	8	18	23	42
アポタンパク質		AI, B, C, E	B, C, E	B, C, E	B	AI, AII, C, E

注) IDL：中間比重リポタンパク
　　E-cho：エステル型コレステロール
　　F-cho：遊離型コレステロール

13-1 脂質異常症とは

遊離型で存在するが，血中では HDL 表面の酵素によりエステル化されエステル型となる。リン脂質はカイロミクロンが最も少なく HDL で最も多い。

13-1-4 リポタンパク質の働き

リポタンパク質の働きは血液中において水に不溶な脂質を，吸収組織や合成組織から利用組織へ運搬することにある。リポタンパク質は外側に親水性のリン脂質や遊離コレステロール，アポリポタンパク質が存在し，粒子内側には疎水性のコレステロールエステルや中性脂肪が存在する粒子として構成されている。比重の違いにより，カイロミクロン（chylomicron），VLDL（very low density lipoprotein：超低密度），LDL（low density lipoprotein：低密度），HDL（high density lipoprotein：高密度）の主要4分画に分類される。IDL として LDL と VLDL の中間密度の分類が使われる場合もある。

カイロミクロンは食事により摂取された脂質により腸管で合成される。このため外因性リポタンパク質と呼ばれている。それに対し，VLDL，LDL，HDL は肝臓内で合成されるので内因性リポタンパク質と呼ばれる。腸管において中性脂肪は消化酵素により脂肪酸（FFA）と MAG（モノアシルグリセロール）に分解され，吸収された後は再びトリグリセリドに再合成される。このときカ

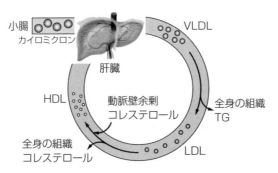

小腸から吸収されたカイロミクロンは肝臓で VLDL へと変換され全身に配られる。全身の組織で中性脂肪が外され LDL となり，さらにコレステロールが外され HDL となって肝臓に戻る。

図 13-2 体内でのリポタンパクの動態

イロミクロンとなり血液を通り肝臓に輸送される。肝臓でカイロミクロンはVLDLとなり、一部は血液を介して全身の組織へ中性脂肪を供給しエネルギー源となる。残りのVLDLは肝臓でLDLへと変化し、コレステロールを全身の組織へ配給する。組織で利用され余ったコレステロールはHDLとなり、動脈壁に貯蔵されたコレステロールを回収して肝臓に戻す働きをする。このために、HDLは善玉のリポタンパク質と呼ばれる。**図13-2**に体内でのリポタンパクの動態を示す。

13-2 脂質代謝異常肝疾患

脂質代謝異常肝疾患には**非アルコール性脂肪性肝疾患**（NAFLD）と**非アルコール性脂肪肝炎**（NASH）の2種類がある。NAFLDは肝細胞に脂肪が沈着して肝障害を引き起こす病態の疾患である。脂肪肝は、アルコールによるものが多かったが、糖尿病や肥満など生活習慣病の表現形として発症することが多くなり、飲酒歴はないがアルコール性肝障害に類似した病態を示すことからこの病名が名付けられた。NASHはNAFLDが進行し、肝臓組織で脂肪滴を伴う肝細胞が30％以上認められる脂肪肝炎のことを指す。肝組織の脂肪化に伴い、炎症を起こし線維化が進行した病態である。放置すると線維化はさらに進行し、肝硬変や肝ガンに至る場合がある。

13-2-1 脂質代謝異常肝疾患の原因

脂質代謝異常肝疾患の原因は肥満とそれに基づくインスリン抵抗性にある。NAFLDでは脂肪変性が確認されるがこれは肝細胞への中性脂肪の流入と合成増加、消費と放出の減少が原因である。中性脂肪の蓄積による脂肪肝が引き金となり、さらに酸化ストレス、エンドトキシン、脂肪酸、サイトカイン・アディポサイトカインなどの肝細胞障害要因が加わるとNASHが発症すると言われている。脂質代謝異常肝疾患は特徴的な自覚症状はなく他覚所見も肝肥大程度である。ほとんどは血漿値の異常から発覚する。

13-2-2 脂質代謝異常肝疾患の診断基準

脂質代謝異常肝疾患の診断基準は脂肪肝線維化の進行程度により規定される。診断基準を図 13-3 に示す。脂肪肝線維化は FIB-4 インデックスにより分類される。**FIB-4 インデックス**は年齢，**AST 値**，血小板数，**ALT 値**により次式で算出される。

$$\text{FIB-4 インデックス} = \frac{\text{年齢} \times \text{AST} \times 0.1}{\text{血小板数} \times \text{ALT}^{1/2}}$$

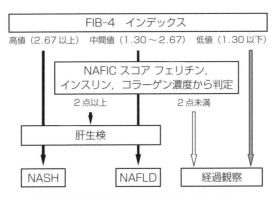

脂質代謝異常肝疾患は FIB-4 インデックス，NAFIC スコアにより診断される。

図 13-3 脂質代謝異常肝疾患の診断基準

例えば年齢 60 歳，AST 値が 40 IU，血小板数 20 万個/μL，ALT 値 36 IU だとすると，$(60 \times 40 \times 0.1)/(20 \times 36^{1/2}) = 2.0$ で FIB-4 インデックスは 2.0 となり図 13-3 の診断基準では中間値であり NAFLD が疑われる。FIB-4 インデックスが 1.3 以下の低値であれば経過観察となり，2.67 以上の高値であれば NASH が疑われる。中間値の場合は NAFIC スコアと呼ぶフェリチン，インスリン，コラーゲン濃度から判定する数値から判定され，スコアが 1 点以下であれば経過観察となるが，2.0 以上であれば肝生検により病理診断がなされる。

13-3 肥満症

　肥満症とは正常な状態に比べて体重が多い状況，あるいは体脂肪が過剰に蓄積した状況を指す。体質性のものと症候性のものに分類される。肥満自体は病気ではないが，肥満になると合併症を起こしやすくなるので注意が必要である。肥満に基づく健康障害を合併した場合や，その危険が高い状態を肥満症と呼ぶ。合併症に至る肥満は脂肪組織量が重要であるが，体内の脂肪組織量を正確に測定する方法は簡単ではないので，身長，体重に基づく指数が肥満の基準として用いられてきた。近年，体脂肪計として市販されているものは，生体インピーダンス法といって，微弱な電気を人体に流して体脂肪量を計算するものだが，その正確性は不十分である。体脂肪は，エネルギー補給機能，体温を維持するための断熱作用，内臓の保護作用などのよい役割もある。肥満に基づく健康障害を合併した場合や，その危険が高い場合を肥満症と呼ぶ。

13-3-1　肥満による合併症

肥満による合併症は以下に示すようにさまざまな疾患がある。

・耐糖能障害（2型糖尿病）

・脂質異常症

・高血圧

・高尿酸血症・痛風

・冠動脈疾患：心筋梗塞・狭心症

・脳梗塞：脳血栓症・一過性脳虚血発作

・脂肪肝（非アルコール性脂肪性肝疾患）

・月経異常，妊娠合併症（妊娠高血圧症候群，妊娠糖尿病）

・睡眠時無呼吸症候群・肥満低換気症候群

・整形外科的疾患：変形性関節症（膝，股関節）・腰痛症

・肥満関連腎臓病（新診断基準で追加）

最近の研究から，肥満の合併症はかならずしも肥満度が高いことのみで起こるのではなく，むしろ内臓脂肪が蓄積する内臓脂肪型肥満（上半身肥満）で起こりやすいことがわかってきた。表に示した合併症のうち，耐糖能障害，脂質異常症，高血圧，高尿酸血症・痛風，冠動脈疾患，脳梗塞，脂肪肝は肥満により2〜5倍合併しやすくなる。内臓脂肪蓄積に基づいて複数の病気が集積した病態は，メタボリックシンドロームと呼ばれており，動脈硬化から心筋梗塞などを起こしやすいものとして注目されている。こうしたことから，内臓脂肪型肥満はハイリスク肥満とも呼ばれている。日本でもメタボリックシンドロームは激増しており，警鐘が鳴らされている。

13-3-2 標準体重と肥満度

標準体重と肥満度は肥満を定量化するために有用である。標準体重は身長における最も生理的な状態にある場合の体重を意味し，その体格における死亡率が最も低い体重という意味で理想体重という表現が用いられる。従来，日本では（身長−100）×0.9 kgで求めるブローカ・桂変法による標準体重の計算が用いられてきたが，簡便ではあるものの誤差が大きいなどの欠点があった。そこで日本肥満学会は，「体重〔kg〕÷身長〔m〕の二乗」で計算される**ボディマス指数**（BMI）が22のときに病気の合併率が最も少ないという統計成績に基づき，「身長（m）の2乗×22」によって求められる体重を，標準体重とするよう勧告した。この方法で計算された標準体重は，厚生労働省の日本人の肥満とやせの判定表の数字ともよく適合している。標準体重に基づいて，肥満度は（体重−標準体重）÷標準体重×100%」で計算される。この式では，標準体重よりも少ない体重の人は肥満度がマイナスで表される。

例えば体重75 kg 身長170 cm（1.70 m）の人の場合BMIは$75/1.70^2=26$ kg/m^{2}となる。この身長の人の標準体重は$1.70^2×22=63.6$ kgである。この人の肥満度は$100×(75−63.6)/63.6=18$%となる。

BMIおよび肥満度による診断基準は**表13-3**で表される[16]。

148   13. 脂質異常症

表13-3 BMIおよび肥満度による診断基準[16]

BMI	肥満度	診断基準
18.5未満	－15.9未満	低体重
18.5以上25.0未満	－15.9以上13.6未満	普通体重
25.0以上30.0未満	13.6以上36.4未満	肥満1度
30.0以上35.0未満	36.4以上59.1未満	肥満2度
35.0以上40.0未満	59.1以上81.8未満	肥満3度
40.0以上	81.8以上	肥満4度

13-3-3 肥満をもたらす生活習慣

　肥満をもたらす生活習慣としては食事量過多，運動不足，早食い，動物性脂肪摂取過多，糖質摂取過多，間食・夜食，食事のアンバランス，喫煙・飲酒習慣，外食，睡眠不足，ストレスなどが挙げられる。肥満への影響度は食事量過多が最も大きく，記載した順に低くなる。肥満症も脂質異常症と同様，ストレスによる影響も少なくない。現代はストレス社会とも言われるように，さまざまな外的要因によって極度のストレスを一身に受けることが多くなり，そこから過食，喫煙量やアルコール摂取量が増加することで肥満症に至る。肥満症が進行しメタボリック症候群や糖尿病など生活習慣病にまで発展してしまうケースも多発している。本来，日本人は魚類や穀物，海草類などの肥満症を誘引しない食事が主たるものだったのが，食事の欧米化により肥満症は増加傾向にある。また，現代生活はすべてにおいて便利な日常となり身体を動かす必要が減少し，慢性的な運動不足が発症を増加させている。

13-4　高脂血症を改善する食材

　高脂血症を改善するのに効果的な食材としてはコレステロールの排泄を促進する食品，LDLコレステロール値の増加を抑制する食品，血漿コレステロール値や中性脂肪値を下げる食材などがある。
　コレステロールの排泄を促進する食品としては納豆，モロヘイヤ，オクラ，

ワカメ，キノコ，ヤマイモ，果物などが該当する。LDL コレステロール値の増加を抑制する成分はビタミン A・E が該当し，これらを多く含む食品は緑黄色野菜，魚，鶏肉レバーなどになる。ビタミン C も LDL コレステロール値を抑制する。ビタミン C を多く含む食品はピーマン，ブロッコリー，ジャガイモ，サツマイモ，果物（柑橘系，キウイ，イチゴ，カキ）などである。アスタキサンチンもまた LDL コレステロール値を抑制する働きがある。アスタキサンチンはサケ，マス，甘エビ，イクラなどの魚介類に多く含まれる。コレステロール値や中性脂肪値を下げる食材の代表は青魚に含まれる ω3 脂肪酸である。大豆，大豆製品などにはイソフラボンが含まれイソフラボンもまたコレステロール値や中性脂肪値を下げる活性を有する。

〈DHA による高脂血症改善効果〉

DHA による高脂血症改善効果は総コレステロール値と中性脂肪値を低下させる働きによる。これらの効果について，マルハ中央研究所による試験結果を図 13-4 に示す[17]。DHA カプセル（DHA 含有量 29％）を 28 日間服用し，その間の血液中における総コレステロール値，LDL コレステロール値，中性脂肪値を測ったところ，すべてにおいて値が減少していた。HDL コレステロール値は若干の増加が確認された。

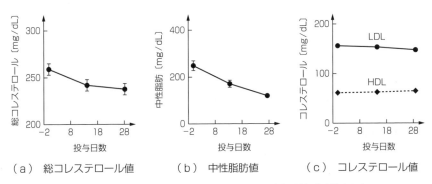

(a) 総コレステロール値　　(b) 中性脂肪値　　(c) コレステロール値

DHA 投与により血清総コレステロール値，中性脂肪値が改善された。

図 13-4　DHA による高脂血症改善効果[17]

13-5 脂質代謝異常肝疾患に有効な機能性食品

　脂質代謝異常肝疾患に有効な機能性食品は茶に含まれるカテキン，かんきつ類のβクリプトキサンチン，マッシュルーム，赤貝，乳製品などに多く含まれるカルニチン，大豆イソフラボン，トマトに含まれる 13-oxo-ODA などが挙げられる。この内茶カテキンとトマトに含まれる 13-oxo-ODA の機能について以下に解説する。

　茶カテキンは NASH 患者 38 名（平均年齢 50±16 歳）による臨床試験により評価された。NASH 患者 38 名中 26 名は緑茶カテキン摂取群として，1 日あたり 600 mg の緑茶カテキンを含む錠剤を 6 か月間摂取させた。残り 12 名は，対照群として，プラセボ錠剤を同期間摂取させた。両群とも，食事療法，運動療法を併用し，血漿 AST，ALT，γ-GTP 活性を，摂取前，摂取 3 か月後，摂取 6 か月に測定した。いずれの数値もプラセボ摂取群では上昇していたのに対し，緑茶カテキン摂取群では上昇が確認されなかった。また，肝線維化マーカーであるⅣ型コラーゲン値は，緑茶カテキン摂取群ではプラセボ摂取群と比較して有意に減少していた。被験者 BMI，ウエストは対照群では摂取前，摂取 6 か月後でほとんど変化がなかったが，緑茶カテキン摂取群では，BMI は 1.5，ウエストは 2.9 cm，平均値が減少した。また，CT スキャンによる体脂肪分布を測定したところ，内臓脂肪と皮下脂肪の比率を示す V/S 比，肝臓と脾臓の脂肪量の CT 値比（L/S 比），いずれも摂取 6 か月後で有意に値が改善していた。血中中性脂肪やコレステロールの値も，緑茶カテキン摂取群では有意に減少が見られた。

　肝細胞を用いた in vitro 試験の解析結果から，トマト，特にトマトジュース中に脂肪燃焼作用を有する 13-oxo-ODA が多く含まれることが京都大学河田照雄 農学研究科教授らのグループにより発見された[18]。脂質代謝異常に対する 13-oxo-ODA の有効性を評価するために，肥満・糖尿病モデルマウスである KK-Ay マウスを用い，機能解析を行ったところ，13-oxo-ODA 0.02％ある

いは 0.05％含む高脂肪食（60％ kcal 脂肪）で 4 週間飼育した結果，13-oxo-ODA 摂取は，高脂肪食による血中および肝臓中の中性脂肪量上昇を抑制した。また 13-oxo-ODA 摂取群では肝臓における脂肪酸酸化関連遺伝子群の発現増加と同時に，エネルギー代謝亢進の指標である直腸温上昇が認められ，13-oxo-ODA 摂取により脂肪燃焼亢進が確認された。**図 13-5** に 13-oxo-ODA の構造を示す。

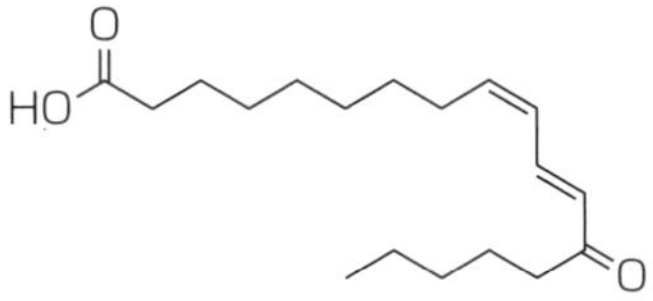

図 13-5　13-oxo-ODA の構造

13-6　肥満症に有効な機能性食品成分

　肥満症に有効な機能性食品成分には青魚由来 ω3 脂肪酸の EPA，ぶどう種子や赤ワインに含まれるレスベラトロール，茶カテキン，大豆イソフラボン，小麦やライ麦外皮に含まれる**アルキルレゾルシノール**などがあげられる。この内アルキルレゾルシノールについて以下に解説する。アルキルレゾルシノールは小麦やライ麦などの外皮（ふすま）に含まれる成分で，水酸基が 2 個ついたベンゼン環であるレゾルシノール基に直鎖のアルキル基が結合した構造の化合物の総称である。アルキル基の長さは小麦の場合 19 から 25 とバリエーションがある。化合物としては古くより同定されている化合物であるが，最近著者らにより NAD＋依存性脱アセチル化酵素である**サーチュイン**の活性化機能が確認されている。サーチュインの活性化機能が確認されている成分としてはレスベラトロールが有名だが，サーチュインの酵素活性を増強するかどうかは疑いがもたれている。アルキルレゾルシノールのサーチュイン酵素活性増強程度は極端に強いとは言えないが，サーチュイン活性化がもたらす寿命延長などの各種機能については十分な活性がある。これら機能のうち特に抗肥満効果は顕著で

13. 脂質異常症

あり,以下にその詳細を解説する。

〈アルキルレゾルシノールの抗肥満効果〉

アルキルレゾルシノールの抗肥満効果は著者らによりC57BL6/6Jマウスの高脂肪食試験により確認された[19]。アルキルレゾルシノールとしてはアルキル鎖が5個のオリベトールを用いた。C57BL/6Jマウス(雄)を用い,普通食群(LF群),高脂肪食群(HF群),高脂肪食+0.4%オリベトール群(HO群)に群分けを行い,試験食を摂取させ,8および16週間後に解剖を行った。血液および各種組織を採取し,組織重量の測定および血中パラメータ,各種エネルギー代謝関連遺伝子のmRNA発現について解析を行った。その結果,**図13-6,13-7**に示すようにHF群では,LF群に対して体重および白色脂肪組織重量が有意に増加したが,HO群ではHF群に比べてそれらの増加が顕著に抑制されていた。白色脂肪組織のエネルギー代謝関連遺伝子について,HF群に対して,HO群では脂質関連サイトカインであるadiponectinおよび核内受容体PPARγのmRNA発現量が有意に増加し,炎症性サイトカインであるTNFαのmRNA発現量が有意に抑制されていた(**図13-8**)。これらの結果から,オリベトールの体重および脂肪重量増加抑制効果の機序として,オリベトールがサーチュイン(Sirt1)を活性化させ,PPARγおよびadiponectinの発

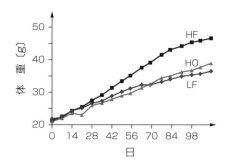

平均値±SE(LF:低脂肪食摂取群, n=4, HF:高脂肪食摂取群 n=5, HO:高脂肪オリベトール添加食摂取群 n=5)

図13-6 オリベトールの体重増加抑制効果[19]

13-6 肥満症に有効な機能性食品成分

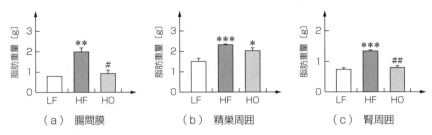

平均値±SE（LF：n=4, HF：n=5, HO：n=5）＊：p<0.05, ＊＊：p<0.01, ＊＊＊：p<0.001 vs LF, #：p<0.01, ##：p<0.001 vs HF（Dunnett's test）

図 13-7 オリベトールの脂肪蓄積抑制効果[19]

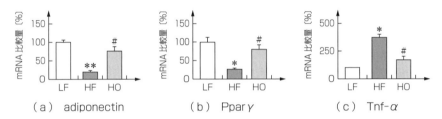

平均値±SE（LF：n=4, HF：n=5, HO：n=5）＊：p<0.05, ＊＊：p<0.01, ＊＊＊：p<0.001 vs LF, #：p<0.01 vs HF（Dunnett's test）

善玉サイトカインと言われる adiponectin の発現量が HF 群では低下していたが, HO 群では有意に発現量が増加していた。一方悪玉サイトカイン TNFα の mRNA は HF 群で増加していたが, HO 群では発現が減少していた。

図 13-8 オリベトールの脂質関連遺伝子に対する効果[19]

現が上昇した結果, エネルギー消費の亢進および脂肪細胞の肥大化抑制が起こり, TNFα の発現を抑制した, という可能性が考えられた。

豚は肥満なのか？　見た目で判断は禁物

質問：豚って肥満ですか？

回答：いえいえ豚は肥満ではありません。豚の体脂肪率はおおよそ 14～18 ％です。日本人男性の標準体脂肪が 14～20％ほどなので, 丸っこい見た目でも十分標準的なスタイルと言えます。

第4編　機能性食品の課題

　本編では機能性食品の安全性と今後どのようにあるべきかを機能性食品の課題として取り扱う。ほとんどの健康食品を取り扱う業者は真摯に有用なものを開発する努力をしているが，必ずしもまじめに製品を開発しているとは思えない場合もあり，消費者にとって疑惑を抱かせるケースが目立っている。特に有効性については，確実で客観的な評価方法を採用せずに，開発者にとって都合の良い方法で評価しているために利用者に効果の自覚が得られず，商品の疑惑を増大させ，業界自体が白眼視される傾向にある。特に第1編で述べたように，2015年より機能性表示食品制度がスタートし，玉石混淆と言わざるをえない現状にある。このような状況から逸早く脱却し，業界自体が信頼されるよう，改善すべき点について述べ，その方策について提言していきたい。

14 機能性食品の安全性

　機能性食品は食品であるが，人に与える影響は医薬品と同様にさまざまなものがある。食経験があるからといって多量の摂取が安全とは限らない。本章では国が定める基準と実害についていくつかの例を示し解説する。

14-1　機能性食品を安全に利用するには

機能性食品を安全に利用するには以下の項目について注意が必要である。
・バランスの取れた食生活，運動，休養が実践できているか。
・機能性食品は医薬品ではなく，食品である。特性を理解し，食品の選択肢の一つとして利用することが重要である。
・有効性よりもまず安全性が大切である。「それの摂取は本当に必要か」，「誇大広告に惑わされていないか」，「品質などに問題はないか」これらについての疑問を持った状態でその食品の摂取は控えるべきである。
・高価だから効果があるとは限らない。価格と効果は必ずしも比例するわけではなく，価格は原料および製造のコストが影響している。原料コストも高額ではないのに販売価格を高額に設定しているケースもあり，これなどは価格と効果が一致すると誤認させる悪質商法と言っても過言ではない。
・すべての人に効果が期待できるわけではない。医薬品でも有効率は低い場合があり，食品でもすべての人に有効な成分はない。過大な期待はするべきではない。
・病気のときは病院での治療を優先すべきである。病気の方で機能性食品を

利用したい場合は医療関係者のアドバイスを受けたほうが良い。
・何をいつどれだけ摂取したかのメモを取るように習慣付けよう。もし体に異常を感じたときは，摂取を中止し，必要ならば医療機関で受診し，保健所にも相談する。

14-2 機能性表示食品制度における安全性の要件

機能性表示食品制度における安全性の要件はその食品に十分な食経験があるかどうかにより判断される。食経験があったとしても一般的な摂取量よりも，摂取量が増加するなど，食経験のみでは不十分な場合，特定保健用食品の安全性評価を参考にするとともに，$in\ vitro$ 試験，動物試験（**遺伝毒性試験，急性毒性試験，反復投与試験，生殖発生毒性試験**），過剰摂取試験，長期摂取試験など安全性試験による確認が必要となる。また機能性関与成分と医薬品との相互作用，機能性関与成分同士の相互作用の有無についても評価が必要である。

14-3 機能性食品による被害

機能性食品による被害事例はさまざまなものがある。そのほとんどは違法商品であるが商品自体は違法でなくとも，販売側の情報提示不足で被害に及ぶ場合もある。機能性食品が関与する被害は健康被害と経済的被害の2種類がある。健康被害には製品自体の問題と利用法の問題がある。製品自体の問題は製品に医薬品が含まれているケースや有害物質が含まれていたケースがある。医薬品は本来，食品とは製造工程が異なるため意図的に混入しなければ含まれるはずはない。しかし，海外では健康食品素材が化学合成により製造されている場合や，成分が医薬品として認可されていない場合もあり，輸入品には注意が必要である。有害物質が混入したケースは中国での餃子事件のように製造過程での意図的混入もあるが，そのほとんどは原料の品質管理不足に起因する。**表14-1**に具体的な被害事例を示す[20]。

表 14-1　機能性食品の被害事例

食　品	症　状	被害報告（発生国）	原因物質
クロレラ	顔，手の皮膚炎	1978-1994 年（日本）	光過敏症皮膚炎を誘発するフェオフォルバイト含有
L-トリプトファン	好酸球増多筋痛症候群（死亡例あり）	1990 年（米国）	トリプトファン製造過程の副産物過剰摂取
ゲルマニウム	腎機能障害（死亡例あり）	1982-1994 年（日本）	腎障害を誘引するゲルマニウム過剰摂取
アマメシバ加工品	閉塞性細気管支炎	1996-1998 年（台湾） 2003-2004 年（日本）	海外での食経験はあったが過剰摂取
アリストロキア属植物（関木通，広防已）	腎障害，尿路系腫瘍	1993 年（ベルギー） 1998-2005 年（日本）	アリストロキア酸による障害
コンフリー	肝静脈閉塞性疾患	1978-1985 年（米国） 1983 年（香港）	有害アルカロイド含有
タピオカ入りココナッツミルク	下　痢	2003 年（日本）	甘味料 D-ソルビトール過剰摂取
雪　茶	肝障害	2003 年（日本）	本来の利用法から逸脱した飲用方法
スギ花粉含有製品	アナフィラキシー	2007 年（日本）	スギ花粉症患者が自己判断で脱感作目的で利用

14-4　有効性と副作用

　有効性と副作用については医薬品と同様機能性食品の場合も関連が深い。人の体における代謝は複雑で，一つの物質を摂取した場合の反応も多様である。例えば，医薬品においても体への有益な代謝作用が，ある一面で不利益な場合もあり，副作用は効能・効果と表裏一体とも言える。このような作用の両面性は医薬品のみならず，機能性食品にも，あるいは一般の食品にすらも，通じるものである。
　機能性食品の有効性は，両刃の剣であることを特に販売者は認識すべきである。

例えば，紅麹はコレステロール値を低下させるサプリメントとして有用であるが，これは紅麹にモナコリンと呼ばれる機能性成分が含まれているからである。モナコリンはロバスタチンというHMG-CoA還元酵素阻害剤であり医薬品化されている。HMG-CoA還元酵素はコレステロール合成に関与するメバロン酸経路の律速酵素の一つでありスタチン系抗コレステロール薬の標的酵素である。ロバスタチンは当然医薬品開発にあたり安全性や副作用が試験されており医師により適切に処方される。しかし，含有量は少ないものの紅麹サプリメントには医薬品と同じ成分が含まれている。すなわち，その利用には注意を要するわけである。ロバスタチンの副作用には重篤な副作用として横紋筋融解症，ミオパチー，肝臓の重い症状，血小板減少などがある。フランスの食品環境労働衛生安全庁によると紅麹サプリメントの利用と因果関係があると疑われる25の有害事例が報告されている。有害事例は筋肉もしくは肝臓の障害であり，ロバスタチンの副作用と共通している。これら事例報告から同庁では紅麹サプリメントの利用について遺伝的素因，持病，現在治療中などの感受性の高い人の利用に関してリスクがある可能性について勧告を出している。

14-5 機能性食品を医療利用した健康被害

機能性食品を医療利用した健康被害もいくつか報告されている。本来機能性食品は病人の治療目的では利用できないことになっているが，医療機関において疾患予防や病状の進行抑止目的で利用されるケースがある。米国において乳児，幼児向けに販売されたプロバイオティクス製品を医療機関で院内処方された乳児がムコール菌症により死亡した。これは当該商品がクモノスカビに汚染されていたのが原因であり，乳児や幼児，病人では免疫力が低く，クモノスカビのような本来毒性の低い菌でもリスクがあることを示した一例である。プロバイオティクスとは人体に良い影響を与える乳酸菌などの微生物，もしくはそれらを含む食品のことであり，微生物を培養して製造する。上記事例では製造過程でクモノスカビが汚染したことで発生したが，培養を伴う製造では通常の

食品に比べ，汚染の予防など衛生環境の維持にいっそうの注意を払わなければならない。

14-6　消費者の認識不足

　消費者の認識不足も機能性食品の安全な利用において問題となる。機能性食品もあくまで食品である。しかし，通常の食品に比べ機能性成分が多く含まれている場合もあり，摂取容量について注意が必要である。食べれば食べるほど効くと思っている消費者はわりと多く，安全利用の基準に販売者も適切な情報を提示する努力を怠ってはならない。機能性食品成分に限らず，多くの物質の有効性と摂取量の関係はＳ字型曲線のシグモイドカーブを描く。すなわち，効果にはそれ以上投与しても効果が増加しない用量が存在する。用量依存性は逆Ｕ字型曲線のベルシェープである場合もあり過度の摂取は有効でないのみならず，副作用のリスクを増大させる。ほとんどの商品では推奨摂取量が記載されているので，その量を超えない量を摂取すべきである。

14-7　機能性食品の形状

　機能性食品の形状はカプセルであったり錠剤であったり，粉末であったりさまざまである。これらの形状には利点と欠点がある。機能性食品は成分を抽出濃縮していることから，摂取しやすいという利点がある。本来，食品には食品ごとの形状と匂いがあり，体積もカプセルや錠剤に比べ大きいのが普通である。例えば家畜の肝臓は脂溶性ビタミンなどが豊富であるが，独特な匂いがあり，体積も大きく過度に摂取してしまうリスクはほとんどない。しかし，ビタミン製剤の機能性食品であれば体積は少なく，匂いもないことから過剰摂取のリスクが高い。ビタミンであっても過剰摂取は問題になる場合がある。このように摂取方法の安易さは利点であり，欠点にもなりうることを安全な利用という見地から覚えておく必要がある。

14-8 食材の情報と成分の情報の混同

食材の情報と成分の情報の混同は起こりがちである。例えばニンジンには加齢黄斑変性に有効との疫学調査があったとしても，βカロテンを主成分とした機能性食品が加齢黄斑変性に有効とは限らない。ニンジンにはβカロテン以外にもα，γカロテンやリコピンが含まれており疫学調査の結果からだけではどの成分が効果を発揮しているか不明確であるからだ。このように食事の機能性情報と食材中の機能性成分情報は混同されがちであり，販売者は誤解を招く表示は避けるべきである。業者によっては，この混同を悪用しているケースもあり，消費者も注意が必要である。

14-9 機能性成分の摂取量と生体機能

機能性成分の摂取量と生体機能については14-6節で簡単に述べた。本節ではこの点をさらに詳しく解説する。図14-1に示すように，機能性食品には有効で安全な摂取量範囲があり，機能性成分の摂取量と生体機能については通常濃度依存的なシグモイドカーブで表現される。有効性が現れる最小の摂取量

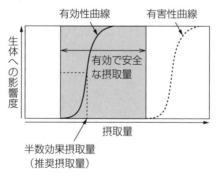

図14-1 機能性成分の摂取量と生体機能との関係

から生体に不利益をもたらす最小の摂取量までが，有効で安全な摂取量となる。実際には有効性が現れる最小の摂取量近辺ではほとんど有効ではないため，最大有効影響度の半分に相当する摂取量である半数効果摂取量を推奨摂取量に設定する場合が多い。

14-10 機能性食品の必要性

　機能性食品の必要性は食品の機能と利用者の状態により異なってくる。血糖値が正常な範囲の人が，血糖値を下げる効果のある機能性食品を摂取しても意味がない。もし，その機能性食品が正常な血糖値の人にも機能する成分であった場合，摂取により低血糖を来たしてしまい，むしろ危険である。肥満に有効な機能性食品があったとして，本来ある程度の運動をしなければならない人がその食品を摂取することで肥満が改善され，運動習慣をやめてしまう。このケースではその人は肥満で骨粗鬆症であった場合は，肥満のリスクは軽減できても骨粗鬆症のリスクは運動不足により増大してしまう。このように，機能性食品のみに健康の維持を依存してしまうのは問題がある。変形性関節症に有効として認可された食品であるのに，まるで万病に有効であるかのような錯覚を与える宣伝を目にすることがある。プラセボ効果により，そのような自覚を持つ消費者がいることも事実だが，有害になる場合もあることを認識し，販売者は過剰な宣伝とならないよう自重してほしい。

14-11 天然物，食経験の安全誤認

　天然物，食経験の安全誤認は起こしがちな認識の一つである。近年の有機食物ブームは一部の誤った書物により間違った認識を読者に与えている。機能性食品は基本的に化学合成品を組成に用いることはできないため，ほとんどが天然物を原料に加工して製造している。しかし，天然物で食経験があるとしてもすべてが安全とは限らない。スギヒラタケは，キシメジ科スギヒラタケ属のキ

ノコで，栽培は行われておらず，スギなどの切り株・倒木に夏から秋にかけて発生する。これまでこのスギヒラタケは多くの人に無毒なキノコとして食用に供されてきた。しかし，2004，2007年にスギヒラタケ摂取者に急性脳症を疑う事例が発生したことなどから，スギヒラタケと急性脳炎の関係について研究を進めてきたところ，スギヒラタケの成分が急性脳症発生の原因となる可能性を示唆する結果が得られた。それではなぜそれ以前にはそのような報告がなかったのかと言うと，スギヒラタケによる脳症は腎臓機能に障害のある人に発症していたからである。しかしその後の研究により腎臓に障害がない場合でも脳症を発症した事例が報告され，現在はスギヒラタケを食用にしないよう監督官庁より勧告がなされている。

14-12 植物の有害性

植物の有害性は一般にはあまり認識がないと思われる。しかし，植物はさまざまな2次代謝産物を産生することで知られている。それら2次代謝産物の中にはアルカロイドなどの有害性物質も多い。本来無害な食品でも加工によっては有害な成分を産生しうる場合がある。著者は以前にライ麦を発芽させ機能性評価を行った経験がある。ライ麦は古来より食用に供される穀物であるが通常は発芽させず使用される。脂肪細胞を用いた評価により活性が確認され成分を単離精製することにした。ところが精製した活性成分の構造決定をしたところ，その成分には発ガン性があることが発覚した。植物は発芽のとき害虫や微生物に被害を受けやすく，その防衛の目的で殺虫成分や抗菌物質を産生することがある。それら成分にはそれら機能以外に発ガン性などの安全上摂取すべきではない活性を有する場合がある。発芽ライ麦の場合もこのケースに当たっていたわけである。

本来野菜などの苦味やえぐ味，辛味などは植物がほかの生物から食害を受けないように身につけてきた防衛手段の一つである。植物にとってはそれが，人間に対する毒であっても発ガン性成分であっても関係ないわけで，植物が毒性

アルカロイドなどを産生する理由は同じ目的である。現在の野菜品種は野生種を食用に適するように品種改良を重ね，それら成分含有量を減らすように努力してきた結果である。

　植物は移動ができないため生育範囲を広げ，種を保存する目的においては種子を動物により遠くへ運搬してもらう必要がある。果実が甘いのは動物に食べてもらい糞として種子を運搬してもらうためである。同様に二次代謝産物が動物の機能性に有益に関与する理由も同じ理由かもしれない。

14-13　加工による危険物質産生

　加工による危険物質産生については前項で発芽ライ麦の例を解説した。これは生体への生物学的加工であるが，物理的な加工でも危険物質は産生される。

　例えば加熱調理でも発ガン性物質は産生される。肉や魚を150℃以上で加熱するとヘテロサイクリックアミン（HCA）が産生される。これは食品中のアミノ酸とクレアチンが高温環境下において反応することで生成され，魚や肉類のこげた部分や煙の中に多く含まれる。HCAは窒素原子を含む複素環化合物のことで，発ガン性物質として日本で最初に同定され，国際がん研究機関や米国国家毒性プログラムに報告されている。

　また，ベンゾピレンなどの多環芳香族炭化水素類は肉や魚の直火料理，燻製などで生成する。ベンゾピレンは国際がん研究機関による発ガン性分類において，ヒトに対して発ガン性が認められるとされるグループ1に分類されている。

　アクリルアミドはアスパラギンと一部の糖類を含む食品を揚げる，焼く，焙るなどの高温での加熱（120℃以上）により化学反応を起こし生成する。アクリルアミドは神経毒性を示し，発ガン性も確認されている。アクリルアミドはポテトチップス，フライドポテトなど，じゃがいもを揚げたスナックや料理，ビスケット，クッキーのように穀類を原材料とする焼き菓子などに，高濃度に含まれていることが報告されている。

14-14 海藻摂取と発ガンリスク

　海藻摂取と発ガンリスクについては，国立がんセンターのグループがコホート研究によりまとめているので紹介することとする。国立がんセンターではさまざまな生活習慣と，ガン，脳卒中，心筋梗塞，糖尿病などの疾患との関係を明確にし，日本人の生活習慣病予防改善に役立てるための研究を行っている。平成2年（1990年）と平成5年（1993年）に，岩手県二戸，秋田県横手，長野県佐久，沖縄県中部，茨城県水戸，新潟県長岡，高知県中央東，長崎県上五島，沖縄県宮古，大阪府吹田の10保健所管内の居住者に，アンケート調査を実施し，40～69歳の女性約5万人について，その後平成19年（2007年）まで追跡した調査結果に基づいて，海藻摂取と甲状腺がん発生との関係について調べた結果を，専門誌で論文発表した[21]。日本人は，海藻を食べる独特の文化を持っている。海藻は，甲状腺ホルモンの構成成分であるヨウ素を多量に含む食品で，日本人は，海藻からヨウ素の約8割を摂取している。この事からヨウ素不足になる心配はなく，むしろ摂取過多になっている可能性が高い。ヨウ素は生命維持に欠かせない重要なミネラルだが，摂取過多が甲状腺ガン発生の原因になるという報告がある。調査開始時に行った食事摂取頻度に関する質問への回答から，週2日以下，週3～4日，ほとんど毎日という三つのグループに分け，その後の甲状腺がんの発生率を比較したところ，約14年間の追跡期間中に，女性134名が甲状腺ガン（うち，113症例は乳頭ガン）になっていた。図14-2に示すように，海藻を食べる頻度が高い人ほど甲状腺ガンになりやすい傾向を認め，週2日以下しか海藻を食べない女性と比べて，ほとんど毎日海藻を食べる女性で，統計学的に有意に甲状腺ガンリスクが高くなっていた。このデータは海藻自体のデータだが，海藻を原料にした機能性食品も少なくなく，同様にヨウ素の摂取過多に陥る可能性があり，長期の継続摂取には注意が必要と思われる。

14-15 安全性の量の概念　　165

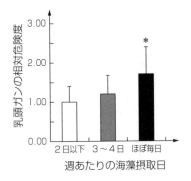

海藻摂取量が多いほど乳頭ガンの相対危険度が上昇する。＊：$p=0.04$

図 14-2　海藻摂取と乳頭ガン発生リスク[21]

14-15 安全性の量の概念

安全性の量の概念は図 14-3 で表される。図からもわかるように食品の安全性は有害性が確認される最小摂取量から算定される。食品添加物などの場合，短期の大量摂取，長期の継続的摂取，世代をまたがっての摂取といった動物実験が行われ，急性や慢性の毒性，発ガン性，生殖機能や胎児に与える影

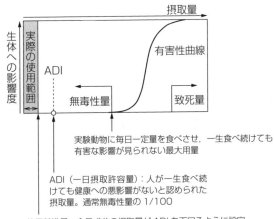

図 14-3　安全性の量の概念[22]

響,アレルゲン性などが科学的に調べられる。機能性食品の場合も十分な食経験がないなどの理由で安全性試験が行われるが,この試験も食品添加物の場合と同じである。さまざまな試験により,これ以下なら健康への悪影響が出ない摂取量として無毒性量が算出される。この無毒性量は動物実験から算出されるので,ヒトに当てはめるために安全係数(1/100)を乗じて一日摂取許容量(ADI)が求められる。ADIは,人が一生食べ続けても健康への悪影響がないと認められた1日あたりの摂取量である。

14-16 食物と薬の相互作用

　食物と薬の相互作用についても注意を払わなければならない。例えば血液凝固を抑制する成分が食品には含まれている。いわゆる「血液さらさら食品」と言われるイチョウ葉エキス,ニンニク,タマネギ,ノコギリヤシ,EPAやDHAなどのω3脂肪酸,ビタミンE,イチゴ,トマト,キュウリ,ミカン,ブドウなどサリチル酸を多く含む野菜類は,血小板凝集抑制薬・抗血栓薬との相互作用の可能性があることが報告されている。これら薬剤を摂取している人は前述の食品成分,食品を摂取した場合出血傾向の亢進に至る場合がある。逆に食品成分が医薬品の副作用を軽減する場合もある。コエンザイムQ10摂取にはこれステロール降下薬(スタチン系薬剤:HMG-CoA還元酵素阻害薬)の副作用である横紋筋融解症を予防する可能性が示されている。これは副作用が体内におけるコエンザイムQ10合成量の低下が原因で起こるのでは考えられているからである。オレンジジュースとβ-遮断薬の場合は薬効の減弱を誘導してしまう可能性が示唆されている。高血圧・狭心症に有効なβ-遮断薬(セリプロロール,アテノロール)は,メカニズムは不明だが,オレンジジュースとの併用で生物効力が減少し,薬効の減弱が見られることが報告されている。ワルファリン服用中,クランベリージュース飲用で薬効の増強が認められ,消化管出血による死亡例が報告されている。これは,ワルファリンを分解代謝する代謝酵素(CYP2C9)をクランベリージュース成分が阻害し,薬効が増強され

たためと考えられている。

このように医薬品と機能性食品を同時に摂取する場合は医薬品を処方した医師に相談し，機能性食品摂取が問題ないことを確認してから利用するようにしてほしい。医薬品との相互作用が確認されている成分が含まれている商品であってもその注意書きに医薬品との相互作用を明記してある場合はほとんどないからである。

14-17 安全に対する意識

安全に対する意識が必要なのは製造業者のみではない。消費者や機能性食品利用のアドバイスを行うサプリメントアドバイザーや医療関係者にも機能性食品の安全性を理解してほしい。安全に機能性食品を利用するには，成分の安全性のみならず，添加物や副産物，摂取すべき量や，それ以上は摂取すべきではない量が存在すること，疾患の有無や薬剤との食べ合わせなどにも配慮が必要である。健康の維持や，疾患の予防目的で機能性食品を摂取しているのに健康被害があっては本末転倒である。安全で有効に機能性食品が利用されることを切に望んでいる。

離乳食は注意が必要（食物アレルギーの原因）

ある漫画雑誌に作者の知識不足から，赤ちゃんの離乳食にはちみつと半熟卵を勧めるという話が掲載されて問題になり，原作者と編集部が謝罪するという事態が引き起こされた。乳幼児の場合，はちみつは乳児ボツリヌス症を引き起こす危険性があり（1987年に厚生省から通達），卵は卵アレルギーを発症させる可能性がある。

そもそもなぜ食物アレルギーは発症するのか。離乳前の乳児ではまだ食べるという習慣がないので消化管の機能は未発達である。すなわちタンパク質などは完全に消化されず腸管に達してしまう恐れがある。未消化で腸管に達したタンパク質は腸管の抗原提示細胞で抗原提示され抗原と認識されてしまう。これが食物アレルギー発症の要因である。特に不完全に加熱したタンパク質はより消化されにくく，抗原性が増大する危険がある。

14. 機能性食品の安全性

　生物は食べられて絶滅することを防ぐ方法を身につけてきた。つまり，摂取防御物質であるアレルゲンを持つことで危険を回避してきた。鶏卵もしかりである。生食は消化を妨げ，アレルゲンを腸まで到達させる。人類は火を発明し，食べ物を加熱することで多くの種類の生物を栄養として取り入れることを可能とし進化した。日本人は生ものを多く摂取するので生卵を不思議に思わないがほとんどの国では生卵は食べない。

15 機能性食品の今後の動向

　機能性食品の今後の動向としてはまず2015年に制定された機能性表示食品制度の振り返りから始め，1年を経過した時点での反省をふまえ今後どうすべきかを解説する。長期的視野にたって先制医療との関連についても私見を述べてみることにする。

15-1 機能性表示食品制度の振り返り

　機能性表示食品制度の振り返りとして制度開始から1年経過した2016年4月における現状を解説する。2015年4月1日に開始された機能性表示食品制度も1年が経過し，2016年4月25日の時点で304商品が受理され，その情報が公開されている。特定保健用食品の許可件数が累計で約1 200に比較すると，本制度を多数利用していることがわかる。1年経過を機に，いくつかの変更点が発表されているので，その内容を以下に示す。

15-2 機能性表示食品制度の変更点

　機能性表示食品制度の変更点としては以前から告知されていたとおり，2016年4月以降に開始される臨床試験については事前登録が必要となった。昨年の制度施行当初は「食品表示基準の施行後1年を超えない日までに開始（参加者1例目の登録）された研究については，事前登録を省略できるものとする」とされていたが，1年を経過したことからこの条項が適用されなくなり，ガイドライン，確認事項，留意事項の各資料に以下の改正があった。

- 機能性表示食品の届出等に関するガイドライン（2016年3月31日一部改正）
- 機能性表示食品の届出書作成に当たっての留意事項（2016年4月1日一部改正）
- 機能性表示食品の届出書作成に当たっての確認事項（2016年4月1日一部改正）

また，届出方法も郵送方式から，オンライン方式に変更され，同時に届出商品がWEB上で検索できるようデータベース化された。ガイドラインは，機能性表示食品の届出をする際の最も重要な資料であり新旧対照表が公表されている。今回のガイドラインの変更点の要約を以下に示す。

- 当該食品又は機能性関与成分について「専ら医薬品として使用される成分本質（原材料）リスト」に含まれるものでないことの確認や，食品衛生法への抵触の確認をすること。また機能性関与成分と同様の関与成分について，特定保健用食品における安全性審査が行われているかどうか，届出者の可能な範囲において情報を収集した上で，評価を行うこと。
- 提出する組織図は，届出者の組織内における健康被害情報の対応窓口部署の位置付けが明記されたものとする。また，連絡フローチャートは，行政機関（消費者庁，都道府県等（保健所））への報告など，具体的に記載すること。
- その他「同等」から「同等量」への追記など，同等性に関する記載の詳細化。
- 「確認事項」にも，「機能性関与成分について評価した場合，既存情報の機能性関与成分と届出をしようとする機能性関与成分との間の同等性を考察しているか」の追記。

15-3 機能性表示食品制度の今後の改正

機能性表示食品制度の今後の改正については予想される範囲で以下に解説す

る。2016年1月18日より，機能性表示食品制度における機能性関与成分の取扱い等に関する検討会が開催されており，4月26日には第4回目の検討会が開催され，機能性関与成分における栄養成分の取扱い，機能性関与成分が明確でない食品の取扱いなどについて検討がなされている。これら検討会が開催されていることから，検討項目についてのガイドライン改定が近い将来行われると思われる。現行では，「定量確認及び定性確認が可能な成分」，「食品表示基準別表第9の第1欄に掲げるビタミン，ミネラルなどの栄養成分は対象外」となっているが，今後は見直される可能性がある。また健康に関する表示をした食品にとって重要な通知である現行の「いわゆる健康食品に関する景品表示法及び健康増進法上の留意事項について」から，「いわゆる」の文言が削除された改正案が出されており，パブリックコメントを受け付けた。この改正案には「機能性表示食品」，「特定保健用食品」に関する記載が追加されており，例えば「機能性表示食品について，届出をした表示内容を超える表示をする場合には，その表示は虚偽誇大表示等に当たるおそれがある」といった注意がなされた。

15-4 機能性表示食品制度の問題点

　機能性表示食品制度の問題点としては法的根拠の脆弱性が指摘されている。本制度については，食品表示基準の中に規定されているほか，食品表示基準第2条第1項第10号に規定する「安全性及び機能性の根拠に関する情報」の具体的内容はガイドラインで示されているが，食品表示法自体には本制度に関する直接的な規定が示されていない。この点について，以前より消費者委員会では，本制度の法的根拠が脆弱である旨の指摘がなされていた。2014年12月9日の消費者委員会の答申においては，本制度の脆弱性を克服すべく，①食品の機能性表示を行う事業者は科学的根拠を証する情報を含む所定事項を消費者庁長官に届け出なければならないという事業者の義務，②科学的根拠を証明せずに又は消費者庁長官に対する届出をせずに食品の機能性表示を行った事業

者に対し行政処分を行う権限，に係る法的基盤について本制度の実施後速やかに補強・整備することとされた。2016年4月現在まだ本件に関して規定の法定化は行われておらず，今後消費者庁は2018年を目途に施行状況を検討し，必要な措置を講ずるとしている。しかし，機能性表示制度の法的根拠の脆弱性に起因する問題が生じるおそれがあり，速やかに制度を見直し，届出の義務に係る規定を法定化することを検討する必要があると思われる。

15-5 機能性表示食品の安全性確保

　機能性表示食品の安全性確保は重要な課題である。機能性表示食品制度では，消費者庁に届出をしてから60日後には発売することができるが，消費者庁が個々の届出に関して科学的根拠の内容を精査するわけではないため，機能性表示食品の安全性および機能性をいかに確保するかが課題となっている。実際に，消費者庁によって届出情報が公開された食品の中には，特定保健用食品の審査過程で食品安全委員会により「安全性が確認できない」とされたものと同じ機能性関与成分を含む食品があることが判明している。消費者庁はこの件に関して，特定保健用食品と機能性表示食品については，安全性および機能性の評価法は基本的に異なるが，関与成分が同じで同様の方法で安全性を審査，評価している場合には，一般論として特定保健用食品としての評価が機能性表示食品としての安全性に係る科学的根拠の内容の評価に影響する可能性があるとの見解は示している。しかし，特定保健用食品の審査過程などをふまえた最終的な精査を行って判断していくとしていることから，消費者団体からは，国内外の公的機関が安全性について疑義を示した製品・機能性関与成分については，消費者庁は届出を受理すべきではないとの意見も出されており，今後の消費者庁の対応が注目される。

15-6 消費者教育の重要性

　消費者教育の重要性は本分野では最も危惧されている点である。機能性表示食品制度は，国の個別の許可を受けたものではなく，事業者の責任において機能性表示が行われるものであることから，消費者自身が，消費者庁のホームページで公開されている機能性食品の届出情報をもとに機能性や安全性を判断し，さまざまな商品から適切な商品を選択することが求められる。しかしながら，実際はこれら商品を購入する消費者は比較的高齢者が多く，テレビ—CMや広告を信じ購入しているのが現状である。事実，2014年3月に消費者庁事業として実施された「食品の機能性表示に関する消費者意向等調査」の結果からは，食品の機能性表示に関し，消費者の正確な理解が進んでいない状況が浮かび上がっている。例えば，最近1年間に摂取した「健康食品」が特定保健用食品，栄養機能食品，「いわゆる健康食品」のどれか分からないと回答している者が全体の約3割に上っており，また，過去1年間に「いわゆる健康食品」を摂取した者のうち，15〜19歳と「健康食品を摂取している中学生以下の子どもを持つ者」の約2割が「いわゆる健康食品」を摂取することで，病気が治ると思うと回答したほか，65歳以上の約2割，15〜19歳の約3割が「いわゆる健康食品」もすべて国が認可していると思うと回答している。消費者庁においては，機能性表示食品に関する消費者の理解を深めるための教育啓蒙活動や広報活動などを積極的に行うことが求められる。

　機能性表示食品制度の導入により健康食品を含めた機能性食品商品は氾濫し正しい認識での購入はほとんど期待できない。大手の販売店ではサプリメントアドバイザーを常駐し，サプリメントの正しい最新情報や知識，活用の方法について啓発を行うとともに，国民が公正で正しい判断ができるよう手助けをし，サプリメントについて消費者自らの判断による選択ができるよう手助けをしている。しかし，これらサプリメントアドバイザーの適応範囲は限られており，また常駐している店舗数も少なく十分な体制とは言えない現状である。サ

プリメントアドバイザーのほか，栄養情報担当者，健康食品管理士，サプリメント管理士，メディカルサプリメントアドバイザーなど各種団体による認定資格があるが，いずれもが現在の需要に応じるほど十分な人数が認定されておらず，絶対数が不足している。これら資格の公的化など，整備を進め，店舗での常駐の義務化など，これら問題に行政の対応が図られることを期待したい。

15-7 機能性食品の被害情報

機能性食品の被害情報は現在，「**全国消費生活情報ネットワークシステム（PIO-NET：パイオネット）**」，厚生労働省の「『いわゆる健康食品』による健康被害事例（都道府県等から報告を受けた事例）」などで公開されている。機能性食品の被害情報に関する現行制度について図 15-1 に示す。

機能性食品の健康被害を受け付けるのは消費生活センター，保健所，もしくはメーカーなどの事業者である。消費者の健康被害については重篤な症状もあり，医療機関を受診することもある。しかし，全国の消費生活センターに寄せ

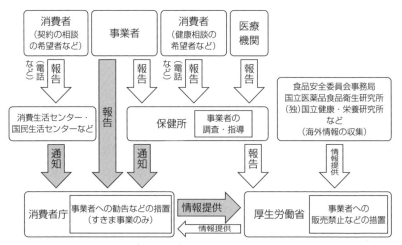

図 15-1 機能性食品の健康被害に関する消費者からの情報収集[23]

られている被害情報は，商品名や企業名などが伏せられており情報が不十分である。また，2016年4月26日に開催された第4回食品の新たな機能性表示制度に関する検討会資料によると，各都道府県にある保健所からは消費者庁に健康被害情報がわずかしか報告されていないのが実態である。厚生労働省と消費者庁は情報交換を行っているが，どこまで情報が共有できているかは不明である。事業者は保健所に報告の義務があるが，消費者庁への報告の義務はない。

これらの問題から，図15-2のように，消費者庁に情報を集約する体制に改定する方向で検討が進められている。消費生活センターからは，商品名など銘柄を明確にし，消費者庁への報告を徹底する。厚生労働省と消費者庁の情報共有，保健所からの報告も徹底し，共有体制を強化する。そして，事業者からの報告も徹底する。この体制変更で，より早く正確な被害状況を把握し，消費

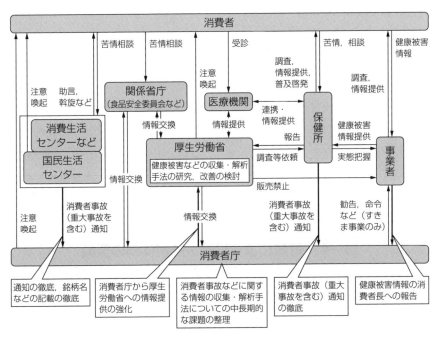

新しく設定される健康被害の情報収集システムでは，これまでのシステムに加え医療機関や関係省庁，事業者からの情報についても受け入れる点が変更されている。

図15-2 機能性食品の健康被害に関する消費者からの情報収集改定案[23]

者に注意喚起できることが期待される。

このように情報収集については改定が図られるが，情報収集の改善のみでは安全で有効な食品の充実にとって不十分である。健康被害の原因特定には，「当該食品を食べたことで健康被害が起きた」という事実からでは，その因果関係が証明されない。食品にはさまざまな成分が含まれており，どの成分に健康被害が起因するかを明確にしない限り，因果関係の証明にはならない。

医薬品の場合でも健康状態の違いにより副作用の発生頻度は異なり，食品の場合も同様のことが言える。食品の場合，摂取制限が無く特定の成分を過剰に摂取してしまうと副作用が出てしまうこともありうる。実際，消費者庁も，食品と健康被害の因果関係を証明する難しさを以下のように述べている。「医療関係者などを介さずに寄せられる危害情報などは，件数は多いものの消費者の自己評価であることから，当該食品と健康被害の因果関係を特定するという面においては，その質が不十分である。」米国でも，同じく因果関係の証明が課題になっており，「栄養補助食品健康教育法（DSHEA）」で，機能性食品を販売する事業者に対し，15営業日内に連邦食品医薬品局（FDA）に健康被害を報告することが義務付けられている。2008年から2011年の間に，FDAに報告された機能性食品被害の情報は6 307件。そのうち71％が企業からの報告だった。しかし，情報は限定的な内容が多く，複数の報告間で情報が不一致であることから，健康被害情報と機能性食品との間に明確な因果関係が認定されたのは3％（217件）にすぎなかった。

15-8 行政による検証・監視体制の整備

機能性表示食品制度は，届出後の事後チェックを機能させることが前提とされており，消費者庁において消費者や事業者から寄せられた疑義情報を活用しつつ事後監視を行うこととされている。すでに複数の消費者団体が，公開情報をもとに届出製品の有効性や安全性の科学的根拠を評価し，科学的根拠が不十分とされる製品について消費者庁に疑義情報として提出しており，消費者庁と

しては，速やかにこうした疑義情報を検証し，事業者への確認や追加資料要求など必要な対応を取ることが求められる。また，制度の施行から1年で，消費者庁が公開した届出件数は304件に上る。本制度を創設するときに参考にした，米国のダイエタリーサプリメント制度は1994年に開始され，2008年時点で約75 000の製品が流通しているとされ，機能性表示食品も将来的には膨大な数の製品が市場に流通すると考えられる。そのため，消費者庁の執行体制強化のほか，関係省庁との連携体制の構築など，事後チェックの実効性を確保することが必要であろう。なお，執行体制について，2014年12月9日の消費者委員会の答申では「届出後，当該食品の機能性に十分な科学的根拠がないことが判明した場合には，早急に適切かつ厳格な行政処分や罰則が科されるよう，所管省庁において定員・予算を含め十分な執行体制が構築されること」が求められている。

15-9 機能性表示食品制度の今後の要望

　機能性表示食品制度の今後の要望についてはいくつか挙げられる。近年，消費者の健康志向の高まりにより機能性食品市場は拡大傾向にあり，2014年における市場規模は1兆1 700億円にも上るとされている。他方，あいかわらず安全性や機能性に関し科学的根拠のない商品が健康食品として市場に出回っているのも事実である。2013年度においては，健康食品に関連して身体に危害を受けたとする情報が全国の消費生活センターに655件寄せられている。機能性表示食品制度創設を機に，安全性や機能性の科学的根拠が十分でない商品が市場から淘汰されることが期待されていた。しかしながら，制度開始1年が経過した時点において，いまだそのような商品は減っていない。それら商品を淘汰するためには，保健機能食品制度に関する消費者の啓蒙が不可欠である。一方で，消費者庁に届出された機能性表示食品のうち約4割は特定保健用食品で使用されている関与成分が使用されており，消費者には二つの制度の違いが理解されていないとの指摘もあり，消費者庁においては消費者に対し，より活発

な啓発活動を実施していくとともに，消費者が適切な製品選択ができる環境を整備するよう努力してほしい。不適切な表示に対して不当景品類及び不当表示防止法や健康増進法などに基づく取締りを強化していくことが求められる。

15-10 先制医療

先制医療とは病気と診断されるより以前の段階，つまり何も症状がない発症以前の段階で，将来罹患する可能性の高い病気を遺伝子検査などで発見し，発病を予防しようという考えである。近年，世界各国の医学，薬学領域の研究成果により，医薬品などの医療技術は革新的に進歩を遂げた。その結果，難病でさえも，治癒あるいは症状改善が可能となり，より多くの人々が健康な生活を享受することが可能となってきた。しかし，医療行政における進歩は遅れをとっており，高齢社会を迎えたわが国にとって，高額な医療費，医師不足，医療格差など課題は山積している。従来の医療は疾患が発症してから対処する治療医学が中心であったが，今後は予防医学が台頭する必要がある。医療費高騰など，現在の医療行政の問題を払拭する最善策は予防である。しかし，医薬品が予防的効果について認められないなど，従来の予防医学ではこれら問題を解決できない。これまでの予防医学は主に経験的事実をもとに展開されてきたもので，その効果に科学的な根拠は薄弱である。ヒト全遺伝子が解読されたことを始めとし，genomicsなどさまざまなOmicsが誕生し，疾患発症との関連が科学的に立証されるようになってきた。ちなみにomicsとは「研究対象＋omics」という名称を持つ生物学の研究分野である。例えば，名称の前半部分の研究対象が遺伝子（gene）の場合は，ゲノミクス（genomics＝gene＋omics）という研究分野がこれに当たる。これは，経験の学問から予測科学へと発展しつつあることを示している。メタボリックシンドロームなどの慢性疾患，特に食生活に深く関与する疾患は，遺伝素因（ゲノム）を背景とし，食生活が複雑にかかわりあって発症することが強く予想されている。これらは単一性の遺伝子疾患ではなく，複数の遺伝的因子が関与する多因子性遺伝病であ

る。遺伝的要因があっても食生活しだいで発症しなかったり，発症が遅くなったり，発症時期を予測するのは困難である。予測の困難な発症に先立って，十分な準備期間のもと，適切に対処しようとする医療が近年確立してきた先制医療（preemptive medicine）である。先制医療とは，発症前に高い精度で発症予測（predictive diagnosis）し，あるいは発症前診断（precise medicine）を行い，重症化や治療困難に陥る前に，適切な治療を施し，発症防止，もしくは発症時期を遅らせようとする，医療概念である。先制医療の概念を図 15-3 に示した。先制医療の基盤となるのは，高精度に発症確率を推定する技術である。そのために重要なのは，各種疾患の診断に有効なバイオマーカーの探索である。もちろんこのバイオマーカーがその疾患に有用であるかは疫学研究などにより妥当性を確認する必要がある。

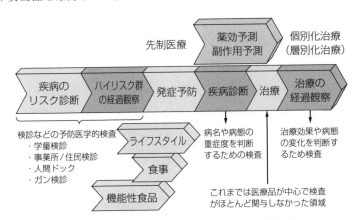

図 15-3　先制医療の概念

発症予測診断がなされた後，予防医療がなされるわけであるが，現在はまだ医薬品による予防医療を実施するのは困難である。前述したように，日本では予防薬は認可されないためである。しかし，必ずしも予防薬が認められないわけではない。これは個人的な意見だが，抗脂質異常症薬などは予防薬と言っても良いと思う。脂質異常症は動脈硬化症や虚血性疾患の前段階症状であり，む

しろこれら疾患のバイオマーカーと言っても過言ではない．遺伝的に脂質代謝異常になりやすい人が食生活の影響で脂質異常症になり，抗脂質異常症薬により虚血性疾患発症を抑制するのも先制医療と呼んでもおかしくはない．しかし，現状ではバイオマーカーの数値でそれを疾患と定義するのは困難である．言い換えれば，先制医療において新規なバイオマーカーを確認しても従来医薬を発症前に適応することはできない．例えば，骨粗鬆症リスクを遺伝子検査で発見し，その後の検査で骨アルカリフォスファターゼ値に異常が見つかっても，骨密度が低下し骨粗鬆症と診断される前に，発症予防目的で骨粗鬆症薬は処方されない．

15-11 先制医療と機能性食品

　先制医療と機能性食品の関係は今後の医療において重要な位置付けとなるであろう．将来的には予防薬も認可されるであろうが，現時点では予防に薬剤を用いるより，植物素材を中心とした機能性食品を用いる方が現実的と思われる[24]．本来機能性食品は疾患の治療を目的とした機能ではなく予防を目的として開発されている．いわば未病と呼ばれる疾患発症の前段階を標的としているわけである．このような観点から考えると，先制医療における予防処置には確かなエビデンスを持った機能性食品が多用されるべきである．先制医療における機能性食品の利用が現実となるためには，機能性食品の有効性，安全性が優れていることを実証し，そのデータを積極的に公開していく必要がある．そして，機能性食品の開発者は医療行政に携わる関係者，先制医療を実践する医療関係者に対し，機能性食品の有用性を積極的に啓発していく努力が求められる．機能性表示食品制度開始を機に，今後先制医療における機能性食品利用が活発化することを期待したい．

機能性食品の種

機能性食品を新たに開発しようとする事業者はその種となる成分を発見するのに苦労が多いことと思う。機能性食品の種は医食同源という言葉に隠されている。人類は長い食生活の歴史において，植物が毒であったり，薬であったりする事実を経験で学んできた。「秋ナスは嫁に食わすな」，「ミョウガを食べると物忘れをする」といった半分迷信のような言葉もあるが，その解釈しだいでは食べ物の有用性をつかんでいたのかもしれない。秋ナスは色が鮮やかでアントシアニンが豊富である。秋ナスの有用性を隠すための言葉だったのかもしれない。著者らはミョウガに含まれるテルペンの研究をしているが，このテルペンは認知症に有効かもしれない。「ミョウガを食べると物忘れをする」の言葉とは真逆である。食べ物にかかわる昔の人の言葉はそのまま受け入れるのではなく，その真の意味を捉えると新しい機能性食品の種が見つかるかもしれない。

フィトケミカル（phytochemical）は，植物中に存在する天然の化学物質の

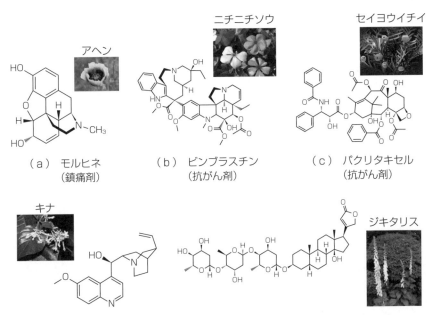

(a) モルヒネ（鎮痛剤）
(b) ビンブラスチン（抗がん剤）
(c) パクリタキセル（抗がん剤）
(d) キニーネ（抗マラリア剤）
(e) ジキトキシン（強心剤）

ユニークな構造・作用を持つものが多いが，供給に難があるケースもある。記載した例以外にもさまざまな医薬品が植物成分を原点に開発されている。

図　植物由来の医薬例

総称である。身体機能維持に不可欠ではないが，健康によい影響を与える植物由来化合物であり，植物栄養素とも訳することができる。漢方をはじめ古来より薬品として取り扱われてきた。フィトケミカルが医薬品に利用された例は沢山ある。図に示した例のようにセイヨウイチイからパクリタキセル（商品名：タキソール）がつくられ，古代ギリシャにおいて風邪の治療に用いられていた柳の樹皮から抗炎症作用を有するサリシンが発見され，その誘導体合成からアスピリンが発明された。地中海沿岸に生息する植物 Ammivisnaga（せり科）から平滑筋弛緩作用のある Khllin が発見され，その誘導体合成からクロモグリク酸（インタール）という抗アレルギー薬が開発された。

　このように重要な医薬品が植物を起源にしている。古くから食べられてきた植物を見直すことが新しい機能性食品の種の発見につながる近道と私は考える。

引用・参考文献

1) 厚生労働省:「健康食品」のホームページ
   http://www.mhlw.go.jp/stf/seisakunitsuite/bunya/kenkou_iryou/shokuhin/hokenkinou/index.html
2) 東京都生活文化局:平成23年度インターネット広告・表示（24 000件）の監視結果，2012年6月21日
3) 消費者庁:機能性表示食品に関する情報
   http://www.caa.go.jp/foods/index23.html
4) 消費者庁ホームページ:「機能性表示食品」って何
   http://www.caa.go.jp/foods/pdf/150424_1.pdf
5) 厚生労働省:健康日本21（第二次）
   http://www.mhlw.go.jp/stf/seisakunitsuite/bunya/kenkou_iryou/kenkou/kenkounippon21.html
6) 厚生労働省:日本人の食事摂取基準（2015年版）と健康な食事の基準づくりの状況
   http://www.mhlw.go.jp/file/04-Houdouhappyou-10904750-Kenkoukyoku-Gantaisakukenkouzoushinka/0000053419.pdf
7) 厚生労働省:日本人の食事摂取基準（2015年版）スライド集
   http://www.mhlw.go.jp/stf/seisakunitsuite/bunya/0000056112.html
8) 厚生労働省:「日本人の食事摂取基準（2015年版）策定検討会」報告書，炭水化物
   http://www.mhlw.go.jp/file/05-Shingikai-10901000-Kenkoukyoku-Soumuka/0000042632.pdf
9) 国立循環器病研究センター:「脂質異常症」といわれたら
   http://www.ncvc.go.jp/cvdinfo/pamphlet/obesity/pamph85.html
10) Katayanagia Y. and Imai S., et al.: The clinical and immunomodulatory effects of green soybean extracts, Food Chemistry, **138**, pp.2 300-2 305（2013）
11) Tanaka K. and Imai S., et al.: Anti-inflammatory effects of green soybean extract irradiated with visible light., Scientific Reports, **4**, p.4 732（2014）

12) Unno K. and Imai S., et al.：Cognitive dysfunction and amyloid β accumulation are ameliorated by the ingestion of green soybean extract in aged mice. Journal of Functional Foods., **14**, pp.345-353（2015）
13) Kawagishi H., et al.：Carbohydr.Res., **186**, pp.267-273（1989）
14) Yamamoto R. and Imai S., et al.：Effects of various phytochemicals on indoleamine 2, 3-dioxygenase 1 activity：galanal is a novel, competitive inhibitor of the enzyme., PLoS One, **9**, 88789（2014）
15) 日本糖尿病学会ホームページ
    http://www.jds.or.jp/
16) 日本肥満学会ホームページ
    http://www.jasso.or.jp/
17) マルハニチロ：DHAの効果
    https://www.maruha-nichiro.co.jp/dha/dha10600.html
18) 京都大学：トマトから脂肪肝，血中中性脂肪改善に有効な健康成分を発見：効果を肥満マウスで確認
    http://www.kyoto-u.ac.jp/static/ja/news_data/h/h1/news6/2011/120210_1.htm
19) 鈴木麻衣子，今井伸二郎ほか：オリベトールによる抗肥満効果に関する研究，日本薬学会第134年会（熊本）（2014）
20) 厚生労働省：健康被害情報・無承認無許可医薬品情報
    http://www.mhlw.go.jp/stf/seisakunitsuite/bunya/kenkou_iryou/shokuhin/daietto/index.html
21) Michikawa, T., et al., Seaweed consumption and the risk of thyroid cancer in women: the Japan Public Health Center-based Prospective Study., European Journal of Cancer Prevention, **21**, pp.254-260（2012）
22) 内閣府食品安全委員会：食の安全ダイヤル
    http://www.fsc.go.jp/koukan/qa1508_qa_2.html
23) 消費者庁：食品表示「食品の新たな機能性表示制度における安全性の確保について」
    http://www.caa.go.jp/foods/index19.html
24) 今井伸二郎：先制医療実現のための植物素材の有効活用，臨床化学，**43**, pp.296-301（2014）

※ URLはすべて2016年11月現在のものである．

索引

【あ】

アガリクス	89
アクリルアミド	85
アストロサイト	106
アテローム	62
アドレナリン	39, 98
アピゲニン	77
アミノ基転移	46
アミラーゼ	28
アミロイドβ	105
アルキルレゾルシノール	151
アルツハイマー型認知症	105
アレルゲン	69
アンジオテンシン	96

【い, う】

異化	29
イソフラボン	76
一酸化窒素	98
遺伝毒性試験	156
インスリン	39
インスリン抵抗性	115
インターフェロン	70
インターロイキン	69
うつ病	104

【え, お】

エイコサペンタエン酸	55
エストロゲン	126
オリゴ糖類	33

【か】

カイロミクロン	57
獲得免疫	65
活性型ビタミンD	130
カテキン	76
花粉症	74
ガラナール	113
カルシウムイオノフォア	78
冠動脈疾患	61

【き】

基礎代謝量	41
キモトリプシン	28
急性毒性試験	156
虚血性心疾患	62
金時草	91

【く】

クエン酸回路	35
グリコーゲン	33
グルカゴン	39
グルカゴン様ペプチド-1	119
クルクミン	76
グルコサミン	137
グルコーストランスポーター	120
クレスチン	88
クロモグリク酸	73
クロモデュリン	120
クロロゲン酸	121

【け】

経口糖負荷試験	116
血管透過性	70
ゲニステイン	77
ケルセチン	76
研究レビュー	15

【こ】

骨粗鬆症	125
コラーゲン	137
コレステロール	55
コンドロイチン硫酸	137

【さ】

サイトカイン	69
サーチュイン	151
刷子縁	29

【し】

試験管内試験	4
自然免疫	65
除脂肪体重	52
新生物	82
心房性ナトリウム利尿ペプチド	96

【す】

スクラーゼ	34
スルフォラファン	76

【せ, そ】

生殖発生毒性試験	156
生体損傷	51
セロトニン	67
全国消費生活情報ネットワークシステム	174
即時型過敏症	67

【た】

ダイゼイン	77
耐糖因子	119
タウ	105
脱顆粒	69
多糖類	33
単糖類	33

【と】

同化	29
動物を用いた評価試験	4
動脈硬化	62
糖輸送担体	34
ドコサヘキサエン酸	55
ドーパミン	107
トリプシン	28

【に, の】

ニトロソ化合物	85
尿素サイクル	46
認知症	104
ノルアドレナリン	98

【は】

パーキンソン病	104
反復投与試験	156

【ひ】

非アルコール性脂肪肝炎	144
非アルコール性脂肪性肝疾患	144
ヒアルロン酸	137
ヒスタミン	67

【ふ】

ピルビン酸	38
フコイダン	72
プラセボ食	6
フリーラジカル	134
プロスタグランディン	77
プロポリス	86

【へ】

ペプシン	28
ヘモグロビン A1c	115
ペラグラ	50
ヘルパー T 細胞	68

【ほ】

ボディマス指数	147
ホルボールエステル	78

【ま, み】

マクロファージ	65
マルターゼ	34
ミクログリア細胞	106

【め】

メタボリックシンドローム	61

【ゆ】

メチルカテキン	72, 73
メラトニン	109
輸送担体	29

【ら】

ラクターゼ	34
ランゲルハンス島	118

【り】

リコピン	76
リパーゼ	28
リポポリサッカライド	77
臨床試験	5

【る, れ】

ルテオリン	72
レスベラトロール	76

【ろ】

ロコモティブシンドローム	125

【わ】

ワールブルク効果	84

【A】

ALT 値	145
AST 値	145

【B】

B 細胞	69

【C】

c-Type レクチン	91

【D】

DHA	55

【E】

EPA	55

【F】

FIB-4 インデックス	145

【H】

HDL コレステロール	140
HDL リポタンパク	139

【I】

IgE 抗体	67

【L】

LDL コレステロール	140

【N】

n-3 系脂肪酸	55

【T】

TNFα	70

【ギリシャ文字】

α 型ペルオキシソーム増殖剤活性化受容体	124
α-グルコシダーゼ	120
β エンドルフィン	108
β クリプトキサンチン	86
β グルカン	86, 88
γ-アミノ酪酸	100

―― 著 者 略 歴 ――

1984 年　東京大学大学院農学系研究科修士課程修了（農芸化学専攻）
1984 年　日清製粉株式会社中央研究所勤務
2002 年　博士（医学）（東京医科歯科大学）
2005 年　東京農工大学非常勤講師
2010 年　静岡県立大学客員教授
2014 年　東京工科大学教授
　　　　現在に至る

機能性食品学
Functional Food Science

© Shinjiro Imai 2017

2017 年 3 月 3 日　初版第 1 刷発行 ★
2020 年 4 月 25 日　初版第 2 刷発行

検印省略	著　者　今　井　伸　二　郎
	発 行 者　株式会社　コ ロ ナ 社
	代 表 者　牛 来 真 也
	印 刷 所　新 日 本 印 刷 株 式 会 社
	製 本 所　有限会社　愛千製本所

112-0011　東京都文京区千石 4-46-10
発 行 所　株式会社　コ ロ ナ 社
CORONA PUBLISHING CO., LTD.
Tokyo Japan
振替 00140-8-14844・電話 (03) 3941-3131 (代)
ホームページ https://www.coronasha.co.jp

ISBN 978-4-339-06753-8　C3045　Printed in Japan　　　　（松岡）

JCOPY　<出版者著作権管理機構 委託出版物>
本書の無断複製は著作権法上での例外を除き禁じられています。複製される場合は，そのつど事前に，出版者著作権管理機構（電話 03-5244-5088，FAX 03-5244-5089，e-mail: info@jcopy.or.jp）の許諾を得てください。

本書のコピー，スキャン，デジタル化等の無断複製・転載は著作権法上での例外を除き禁じられています。購入者以外の第三者による本書の電子データ化及び電子書籍化は，いかなる場合も認めていません。
落丁・乱丁はお取替えいたします。

生物工学ハンドブック

日本生物工学会 編
B5判／866頁／本体28,000円／上製・箱入り

■ 編集委員長　塩谷　捨明
■ 編集委員　　五十嵐泰夫・加藤　滋雄・小林　達彦・佐藤　和夫
　（五十音順）　澤田　秀和・清水　和幸・関　　達治・田谷　正仁
　　　　　　　土戸　哲明・長棟　輝行・原島　　俊・福井　希一

21世紀のバイオテクノロジーは，地球環境，食糧，エネルギーなど人類生存のための問題を解決し，持続発展可能な循環型社会を築き上げていくキーテクノロジーである。本ハンドブックでは，バイオテクノロジーに携わる学生から実務者までが，幅広い知識を得られるよう，豊富な図と最新のデータを用いてわかりやすく解説した。

主要目次

Ⅰ編：生物工学の基盤技術　生物資源・分類・保存／育種技術／プロテインエンジニアリング／機器分析法・計測技術／バイオ情報技術／発酵生産・代謝制御／培養工学／分離精製技術／殺菌・保存技術

Ⅱ編：生物工学技術の実際　醸造製品／食品／薬品・化学品／環境にかかわる生物工学／生産管理技術

本書の特長

◆ 学会創立時からの，醸造学・発酵学を基礎とした醸造製品生産工学大系はもちろん，微生物から動植物の対象生物，醸造飲料・食品から医薬品・生体医用材料などの対象製品，遺伝学から生物化学工学などの各方法論に関する幅広い展開と広大な対象分野を網羅した。

◆ 生物工学のいずれかの分野を専門とする学生から実務者までが，生物工学の別の分野（非専門分野）の知識を修得できる実用書となっている。

◆ 基本事項を明確に記述することにより，長年の使用に耐えられるようにし，各々の研究室等における必携の書とした。

◆ 第一線で活躍している約240名の著者が，それぞれの分野の研究・開発内容を豊富な図や重要かつ最新のデータにより正確な理解ができるよう解説した。

定価は本体価格+税です。
定価は変更されることがありますのでご了承下さい。

図書目録進呈◆

バイオテクノロジー教科書シリーズ

(各巻A5判)

■編集委員長　太田隆久
■編集委員　相澤益男・田中渥夫・別府輝彦

配本順			頁	本体
1.(16回)	生命工学概論	太田隆久 著	232	3500円
2.(12回)	遺伝子工学概論	魚住武司 著	206	2800円
3.(5回)	細胞工学概論	村上浩紀／菅原卓也 共著	228	2900円
4.(9回)	植物工学概論	森川弘道／入船浩平 共著	176	2400円
5.(10回)	分子遺伝学概論	高橋秀夫 著	250	3200円
6.(2回)	免疫学概論	野本亀久雄 著	284	3500円
7.(1回)	応用微生物学	谷吉樹 著	216	2700円
8.(8回)	酵素工学概論	田中渥夫／松野隆二 共著	222	3000円
9.(7回)	蛋白質工学概論	渡辺公綱／小島修一 共著	228	3200円
10.	生命情報工学概論	相澤益男 他著		
11.(6回)	バイオテクノロジーのためのコンピュータ入門	中村春木／中井謙太 共著	302	3800円
12.(13回)	生体機能材料学 ―人工臓器・組織工学・再生医療の基礎―	赤池敏宏 著	186	2600円
13.(11回)	培養工学	吉田敏臣 著	224	3000円
14.(3回)	バイオセパレーション	古崎新太郎 著	184	2300円
15.(4回)	バイオミメティクス概論	黒田裕久／西谷孝子 共著	220	3000円
16.(15回)	応用酵素学概論	喜多恵子 著	192	3000円
17.(14回)	天然物化学	瀬戸治男 著	188	2800円

定価は本体価格+税です。
定価は変更されることがありますのでご了承下さい。

図書目録進呈◆

ライブラリー生活の科学

(各巻A5判)

■企画・編集委員長　中根芳一
■企画・編集委員　石川　實・岸本幸臣・中島利誠

配本順				頁	本体
1.	(6回)	生活の科学	中根　芳一編著	256	2500円
2.	(3回)	人と環境	中根　芳一編著	212	2200円
3.	(7回)	生活と家族	石川　實・岸本　幸臣編著	220	2400円
4.	(4回)	生活と健康	中島　利誠編著	222	2300円
5.		生活と消費	清水　哲郎編著		
6.	(8回)	生活のための福祉	岸本　幸臣編	206	2200円
7.	(5回)	生活と技術	中島　利誠編著	252	2500円
8.	(2回)	生活と住まい	中根　芳一編著	256	2500円
9.	(1回)	生活と文化 ―生活文化論へのいざない―	鍵和田　務編著	232	2500円
10.		生活と教育	岸本　幸臣編		

定価は本体価格+税です。
定価は変更されることがありますのでご了承下さい。

図書目録進呈◆